ASÍ VIO TESLA SUS INVENTOS

Manuel Orlando Mena Zapata

Primera Edición: Santiago de Cali, 2 Octubre 2015

© **Manuel Orlando Mena Zapata**

Autoedición y Portada: Manuel Orlando Mena Zapata

E-mail: mecatronica.tesla@gmail.com

ISBN-13: 978-1517573225

ISBN-10: 151757322X

Imagen de la carátula, Turbina de Tesla patente correspondiente con la patente #1061206, modelo 3D por ©2015 Manuel Orlando Mena Zapata

A mi familia

Tabla de contenido

1 Tabla de Patentes

2 Tabla de ilustraciones

3 Prólogo

Libros acerca de las patentes de Nikola Tesla hay muchos y de muchas clases, recopilaciones de las patentes, recopilaciones de escritos, biografías de Tesla, etc., sin embargo hasta la fecha no se ha realizado una reconstrucción de las patentes de Nikola Tesla, varios museos en el mundo poseen algunos de sus inventos, hasta el momento ninguna persona en el mundo ha pretendido reconstruir todas las patentes de Nikola Tesla ya sea utilizando el mundo virtual 3D de los ordenadores o en el mundo real.

Tesla daba especial importancia al sentido de la vista, se ha escrito que inclusive le daba a los ojos la mayor importancia entre los órganos de los sentidos, y afirmaba que los ojos era el que nos permitía conocer verdaderamente el mundo a grandes distancias, visión solo obstaculizada por las partículas o cuerpos entre el observador y los objetos (The Tesla Lecture in St. Louis, 1893), forma parte de la leyenda relacionada con Tesla la concepción de que él podía visualizar sus creaciones e incluso hacer las pruebas de dichas invenciones en su mente, sin embargo muchas personas no tenemos este gran privilegio y nos cuesta más trabajo visualizar lo que este gran sabio soñó o imagino y es allí donde esta libro nos ayuda a entender lo que verdaderamente Tesla vio en sus inventos sin tener que recurrir a la visita de distantes y costosos Museos.

Pretendo con este libro darle precisamente una impresión de lo que Tesla vio o imaginó, este es un libro que resaltará su percepción visual con sus formas y colores, encontrará entonces en este libro modelos 3D que precisamente le ayudarán a entender lo que Tesla pensó o imagino en algún momento de su vida, el nivel de detalle mostrado aquí es superior muchas veces al detalle mostrado en las patentes, y este detalle está completamente apegado a las proporciones presentes en los dibujos de Tesla, e incluso cuando el genio dio medidas precisas se tomaron dichas medidas en los modelos, la mayor parte del trabajo que dio como resultado este libro no estaba en la distribución de las imágenes o el texto dentro de las hojas, mayoritariamente el trabajo consistió en la interpretación de los planos previa y la labor en el computador que condujeron al desarrollo modelo 3D, algunas de estas patentes presentaban cientos de partes que también exigieron muchísimo tiempo de computo, lo anterior también implico otro asunto , lo que podemos mostrar en este medio escrito es solo la punta del iceberg comparado con toda la cantidad de información que es posible extraer de estos modelos computacionales.

Con esta obra hemos comenzado una labor a mediano y largo, sin duda le impresionará, siendo posible *para el lector-comprador de este libro la obtención* de las imágenes aquí mostradas y también los planos de ingeniería necesarios para reproducir milimétricamente las imágenes con programas CAD e incluso después fabricar con impresoras 3D todo lo que aquí mostrado, puede solicitarlos escribiéndome al e-mail: mecatronica.tesla@gmail.com, este es definitivamente un libro para ver.

El autor

4   Introducción

Nikola Tesla nacido en Lika Smiljan, es considerado por   un genio comparable con Leonardo D'   Vinci, definitivamente una de las personas más influyentes para lo que es hoy el mundo moderno ¡y el mundo futuro!, de él se ha escrito y seguramente se seguirá escribiendo mucho, es muy difícil escribir algo serio acerca de Tesla sin que esto sea analizado y que no despierte curiosidad, pero quiero entregarles a ustedes este este libro para mostrar algunas cosas de sus invenciones de la forma en que no han sido vistas nunca antes.

De Tesla se afirmaba que no hacia planos o que no solía hacer planos o diagramas de sus inventos y con respecto a esta afirmación hay algo bien interesante, las patentes de Tesla están llenas de planos y diagramas de los cuales es perfectamente posible deducir la forma del invento que él se imaginó. De hecho la complejidad de algunos es notoria y deja ver gran maestría en lo que allí se plateaba, particularmente pienso que todas las patentes de Tesla son 100% funcionales con un nivel de eficiencia no determinado.

Para visualizar su obra podemos seguir los planos y diagramas de las patentes originales de las patentes, sin embargo existen ciertas dificultades al tratar de visualizar la forma en que Tesla veía sus invenciones pues ¿Cómo ver lo que un genio puede pensar?, hoy en día contamos con algunas herramientas muy interesantes que nos ayudan a visualizar precisamente eso que Tesla pensó, herramientas tales como el CAD y software de renderizado que nos permite hacer escenas de calidad fotográfica.

Podríamos entonces dirigirnos a un Museo como el de Belgrado donde están algunas invenciones, herramientas y objetos de Tesla, pero eso nos costaría el transporte, la estadía, la alimentación, y aun así no podríamos ver todo lo que Tesla soñó alguna vez, con este libro pretendo precisamente ayudarle en la tarea de entender la mente de un prodigioso ser humano.

Para lo anterior hemos tomado las patentes radicadas en Estados Unidos y hemos modelado con un programa CAD dichas patentes y cuando estas se refieren a aparatos tangibles detallado en cuanto a las formas, no fue nuestra intención adentrarnos en las explicaciones científicas de fondo, o en interpretaciones de las patentes, se trata más bien de un trabajo en el que pretendemos mostrar a ustedes con más detalle lo plasmado en las patentes, una interpretación científica en profundidad precisamente nos daría para escribir todo un tratado y no es el objetivo de este libro, *fue un trabajo arduo pero el resultado literalmente salta a la vista.*

Debo explicar que la elaboración de este libro oculta un trabajo enorme representado en la elaboración de los modelos tridimensionales los cuales fueron realizados con precisión de ingeniería y con las más avanzadas técnicas de modelado 3D, estos modelos tridimensionales respetan las proporciones guardadas por Tesla en sus patentes, los archivos de los modelos 3D están disponibles con el autor del libro. Finalmente con el libro que forma parte de una serie, contribuimos en él entendimiento de las concepciones de este gran genio Nikola Tesla.

5   Patente 335786 - Lámpara de Arco eléctrico (USPTO 335786, 2015)

5.1   Resumen

Desde comienzos del siglo XIX existían las lámparas de arco eléctricas, estás lámpara eléctricas en aquel tempo utilizaban dos electrodos de carbón que se colocaban en contacto para formar un arco voltaico que emitían luz, estas lámparas tenían diferentes problemas de funcionamiento provocados por el desgaste constante de los electrodos y el movimiento, principalmente por dichas razones Nikola Tesla realizó su propia versión de una lámpara de arco que mejora el funcionamiento de las existentes en ese tiempo.

Esta es la primera patente registrada de Tesla en Estados Unidos, fue radicada el 30 de marzo de 1885 y fue concedida el 9 de febrero de 1886, el objeto de esta patente es "prevenir la frecuente vibración del electrodo móvil y el parpadeo de la luz derivados de allí, evitar la pérdida de contacto de los electrodos, prescindir del amortiguador "déspota", mecanismo de relojería o dispositivos de engranaje y similares utilizados hasta ahora, y prestar a lámpara sensibilidad extrema, y para alimentar el carbón casi imperceptiblemente, y así obtener una luz constante y uniforme."

El resultado de la invención: una ingeniosa lámpara que regulaba la corriente aplicada de forma electromecánica, la aplicación de este conocimiento pudo haber llevado a Tesla a la resolución de situaciones posteriores similares.

De esta patente hemos realizado un video del modelo 3D donde se muestran cada una de las partes y usted lo puede encontrar en YouTube (Zapata, 2015), puede encontrar la referencia en la tabla bibliográfica al final

Ilustración 1 - - Lámpara de arco eléctrico - sin los electrodos de carbono (Zapata, 2015)

5.2   Imagen Genuina de la Patente 335786 Lámpara de Arco eléctrico (USPTO 335786, 2015)

5.2.1   Imagen Genuina de la Patente 335786 Lámpara de Arco eléctrico (USPTO 335786, 2015) – Figura 1

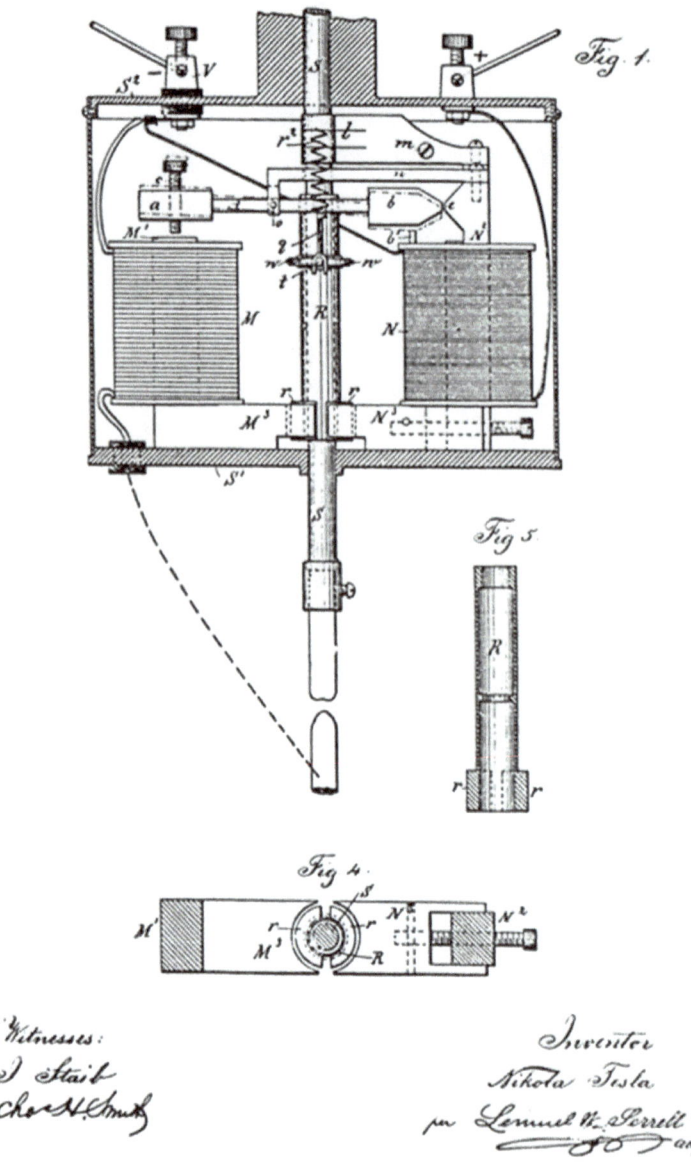

Ilustración 2 - Figura 1 de la patente original, aquí se muestran claramente los mecanismos internos, los electroimanes m y n están representados en los modelos con colores rojo y azul, m y n deben bobinarse con alambres de diferente calibre según el

5.2.2 Imagen Genuina de la Patente 335786 Lámpara de Arco eléctrico (USPTO 335786, 2015) – Figura 2

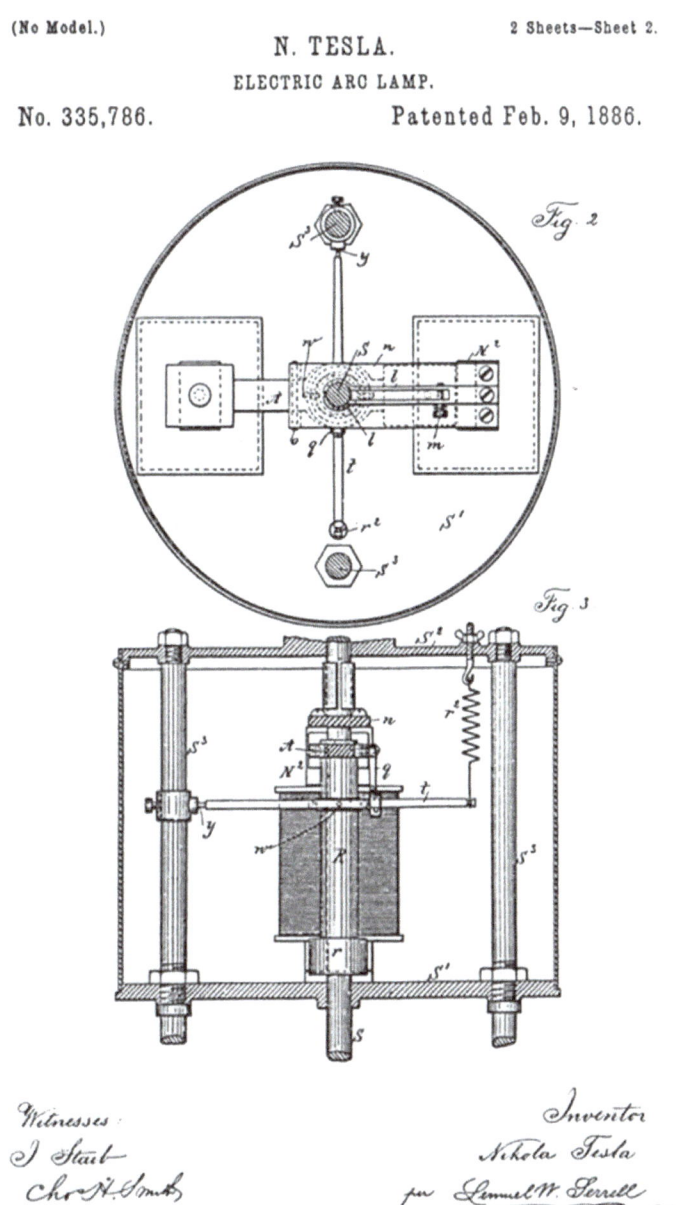

Ilustración 3 - En las figuras 2 y tres podemos detallar como se enlazan estos mecanismos en un complejo sistema de balanceo

Ilustración 4 - Esta imagen corresponde con lo que se puede apreciar en la figura de 1 de la patente 335786, en rojo y azul vemos los electroimanes M y N (Zapata, 2015)

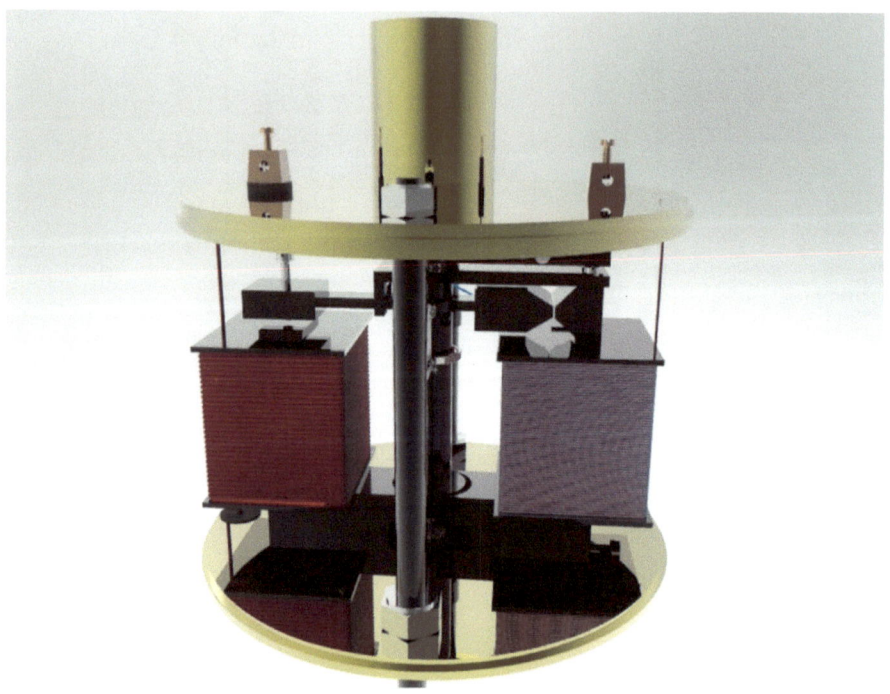

Ilustración 5 - Esta imagen corresponde con la figura 1 de la patente 335786, se aprecian los conectores superiores que son de cobre a donde llegaban los dos conductores (Zapata, 2015)

Ilustración 6 - El sistema de esta patente no requería de mecanismos de relojería, era automático (Zapata, 2015)

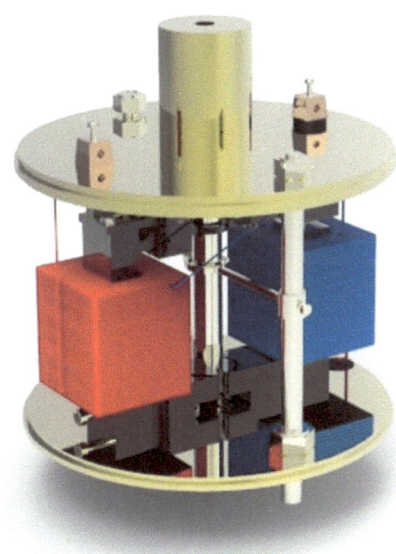

Ilustración 7 - El bobinado de esta lámpara se debía realizar con diferentes calibres de alambre, esto tenía un efecto en el balance de este dispositivo (Zapata, 2015)

Ilustración 8 - En esta imagen está incluido el electrodo de carbón superior este electrodo bajaba automáticamente para hacer contacto directo con otro electrodo de carbón, la alimentación del electrodo era automática a medida que este se desgastaba por el uso (Zapata, 2015)

6 Patente 334823 - Conmutador para máquinas dinamo Eléctricas (USPTO 334823, 2015)

6.1 Resumen

Las máquinas que utilizan conmutadores generan chispas y con esto cortocircuitos en las bobinas con las que trabajan, Tesla con esta invención pretende reducir estas chispas que traen perdidas de energía, esto lo hizo dividiendo las escobillas de contacto y metiendo entre de ellas un material aislante como asbesto o mica, la idea es emplear un aislante eléctrico o mal conductor para evitar esas chispas y cortocircuitos presentes en ese punto.

En las imágenes a continuación representamos en amarillo el aislante de mica y en negro el aislante en asbesto.

De esta patente hemos realizado un video del modelo 3D donde se muestran cada una de las partes y usted lo puede encontrar en YouTube (Zapata, 2015), puede encontrar la referencia en la tabla bibliográfica al final.

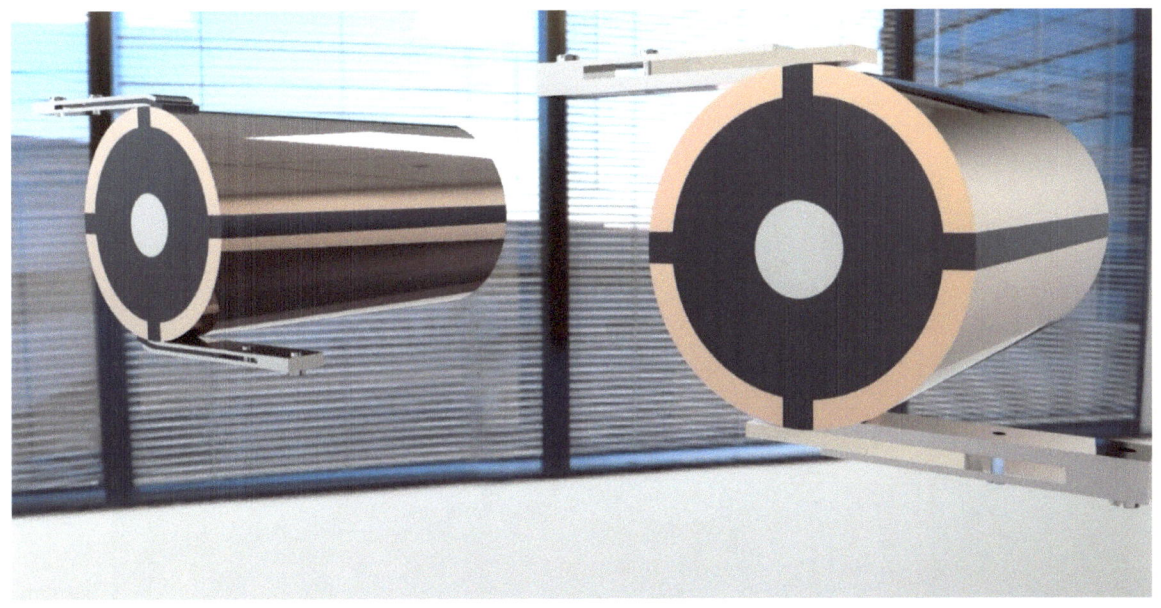

Ilustración 9 - En la imagen las escobillas presentan en medio de ellas unos aislantes, Asbesto en las escobillas se muestra de color negro, y en amarillo el aislante de mica, los cilindros representan el elemento rotativo de la máquina (Zapata, 2015)

6.2   Imagen genuina de la patente 334823 Conmutador para máquinas dinamo Eléctricas

(No Model.)

N. TESLA.
COMMUTATOR FOR DYNAMO ELECTRIC MACHINES.
No. 334,823.   Patented Jan. 26, 1886.

Ilustración 10 - En la figura 1 se muestra el aislante de asbesto marcado con la letra d, sostenido por las láminas f, y en la figura 2 se muestra el aislante de Mica dividido en dos partes, también fue nombrado con la letra f, note que en ambas figuras se utilizan to

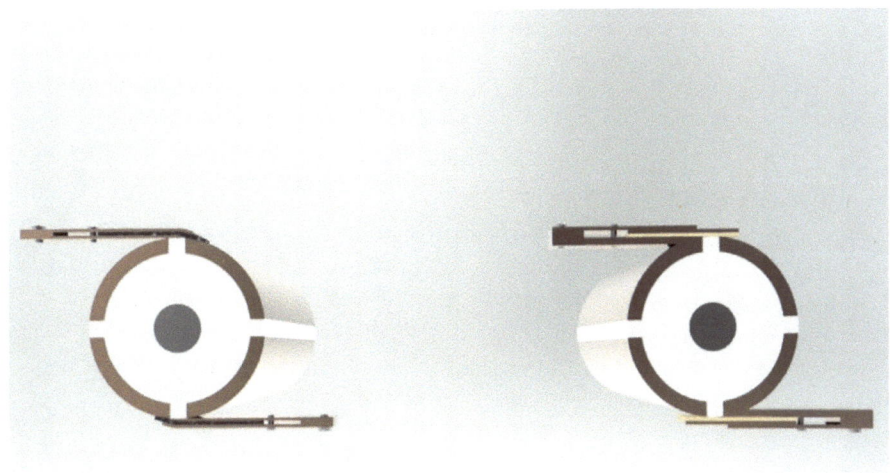

Ilustración 11 - Se muestran 4 escobillas con dos aislantes en asbesto en el lado izquierdo y dos aislantes en amarillo que representan la mica (nota: en la imagen izquierda se ve el aislante en color cobre sin embargo el aislante es en mica, solo se quiere indicar con estos colores que en la imagen original parece haber una división en el aislante) (Zapata, 2015)

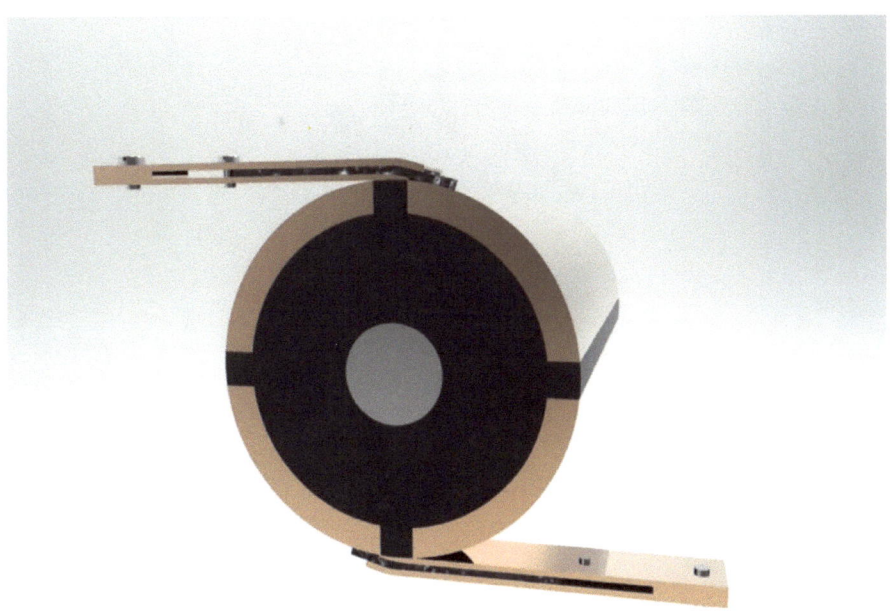

Ilustración 12 - - Escobillas en asbesto - note que el diseño te Tesla para este arreglo tiene una ligera curva que sique la forma del cilindro, es posible que Tesla ignorará en ese tiempo las propiedades cancerígenas del asbesto, o tal vez estimó que no era importante (Zapata, 2015)

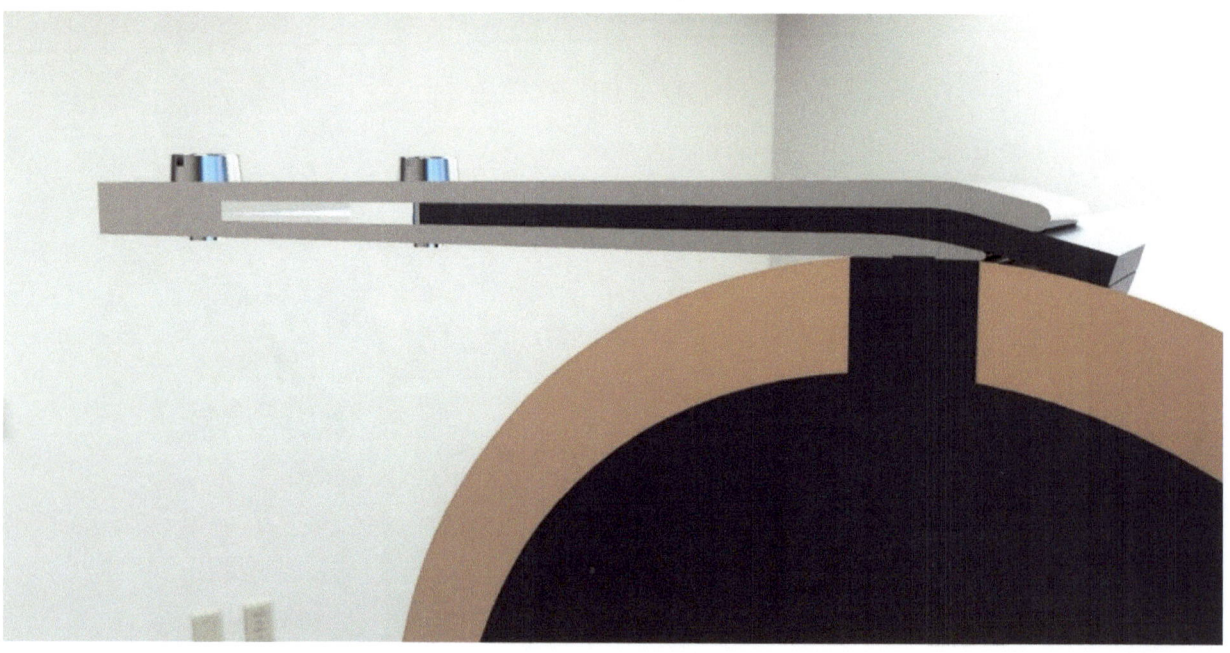

Ilustración 13 - Acercamiento de las escobillas de asbesto, siguiendo la curva del cilindro, Tesla propuso otros materiales aislantes, note los tornillos de ajuste y fijación (Zapata, 2015)

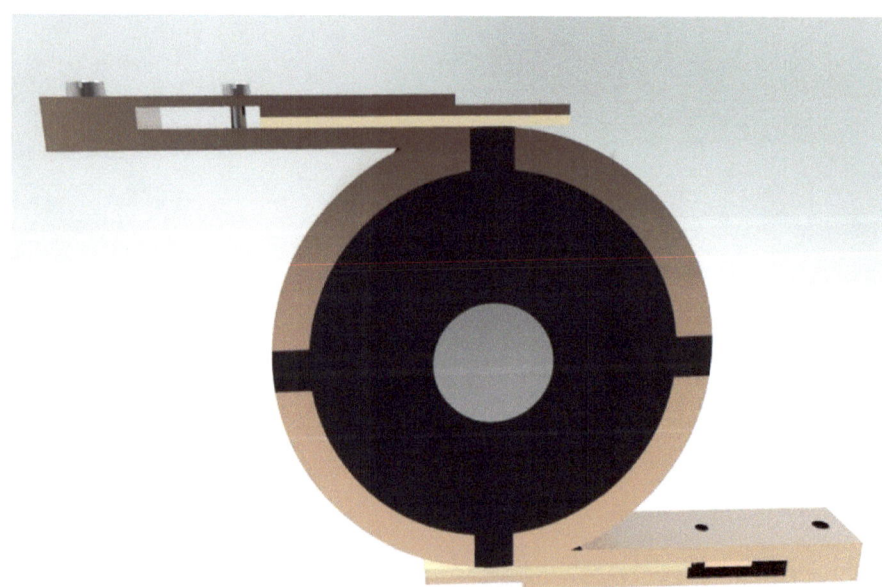

Ilustración 14 - El aislante de mica se muestra en colores amarillo y cobre en medio de las escobillas, solo se quería hacer notar que en el diseño original Tesla parece hacer dividido el aislante en dos mitades, seguramente teniendo en cuenta las propiedades mecánica

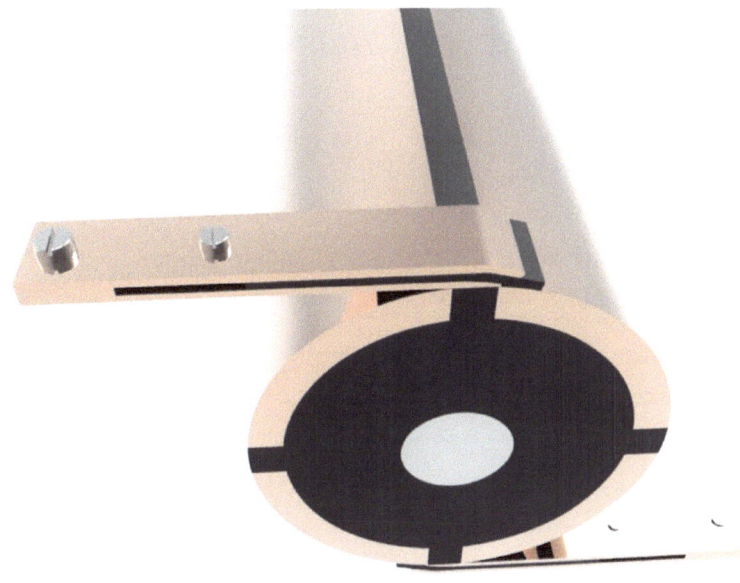

Ilustración 15 - Escobillas con aislante de asbesto, Tesla utilizó en su diseño dos tamaños de tornillos uno para la fijación y el otro para el ajuste (Zapata, 2015)

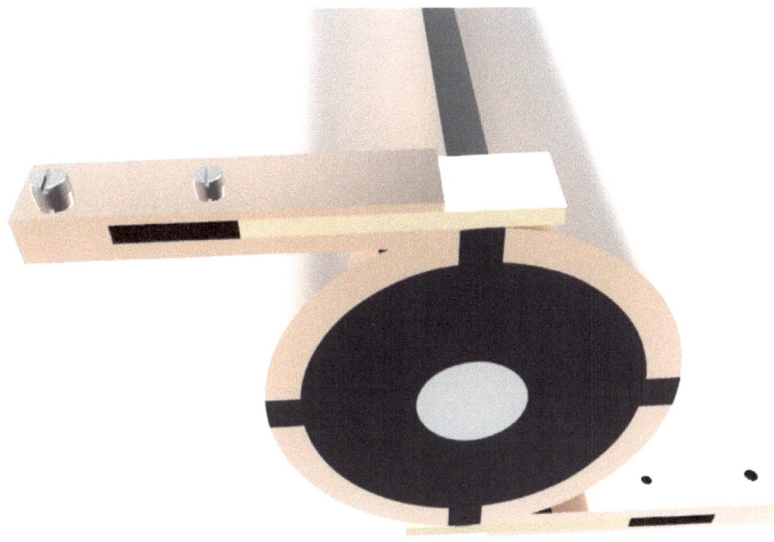

Ilustración 16 - Note los dos tamaños de tornillos el de más diámetro es para la fijación y el más pequeño para el ajuste, así mismo observe que es mica lo que se utiliza como aislante y representada en color amarillo (Zapata, 2015)

7   Patente 350954- Regulador para máquinas dinamo eléctricas (USPTO 350954, 2015)

7.1   Resumen

Con este aparato se regula la corriente que proviene de una dinamo utilizando un solenoide que se encuentra en la parte superior, el solenoide tira magnéticamente de un cilindro que a su vez mueve las escobillas arriba y abajo,

Tesla pensó el dispositivo de tal forma que el solenoide Empuja hacia arriba un cilindro cuando la resistencia del circuito o la corriente se incremente y esto a su vez desplaza las escobillas principales en la dirección de rotación y las escobillas auxiliares en la dirección opuesta, esto disminuye la fuerza de la corriente hasta que las fuerzas se equilibran.

Pero si la corriente disminuye esto hace que el solenoide tire con menos fuerza el cilindro I que se encuentra en el interior y eso hace que caiga por su propio peso, arrastrando en su caída a las escobillas de manera opuesta que en la acción anterior y esta acción hace que la corriente aumente

En la práctica este dispositivo lo pensó Tesla como un regulador automático de corriente para las lámparas de arco de la época.

De esta patente hemos realizado un video del modelo 3D donde se muestran cada una de las partes y usted lo puede encontrar en YouTube (Zapata, 2015) , puede encontrar la referencia en la tabla bibliográfica al final.

Ilustración 17 - La imagen es el modelo de la patente y en color verde es representado el contenedor del solenoide, en gris oscuro la base y los enlaces a las escobillas, en color cobre la escobillas y el eje de la dinamo que será objeto de la regulación de la corriente (Zapata, 2015)

7.2 Imagen genuina de la patente 350954 – Regulador para máquinas dinamo eléctricas (USPTO 350954, 2015)

(No Model.)

N. TESLA.

REGULATOR FOR DYNAMO ELECTRIC MACHINES.

No. 350,954. Patented Oct. 19, 1886.

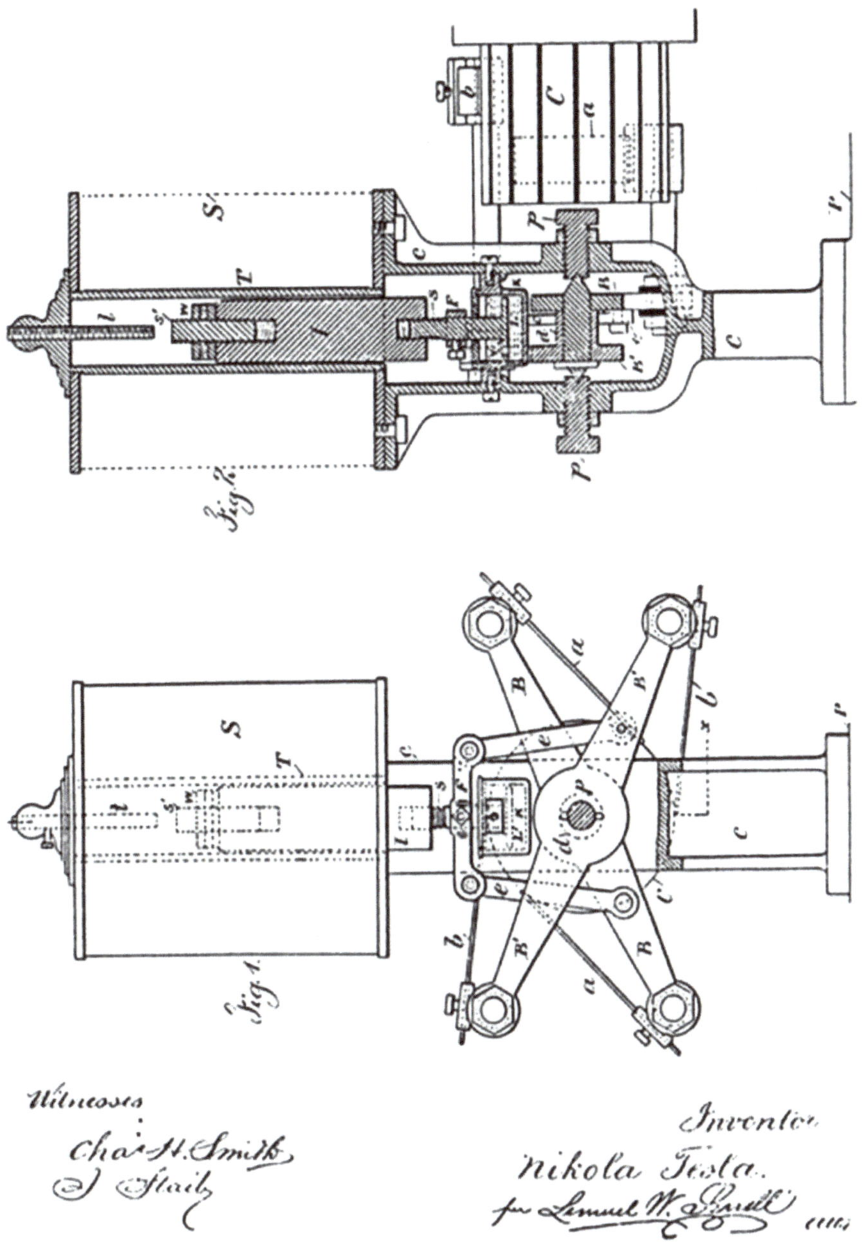

Ilustración 18 - Imagen genuina de la patente 350954, Regulador para máquinas dinamos eléctricas, a la izquierda se muestra la máquina en una vista frontal y en la derecha se muestra un corte transversal de la misma

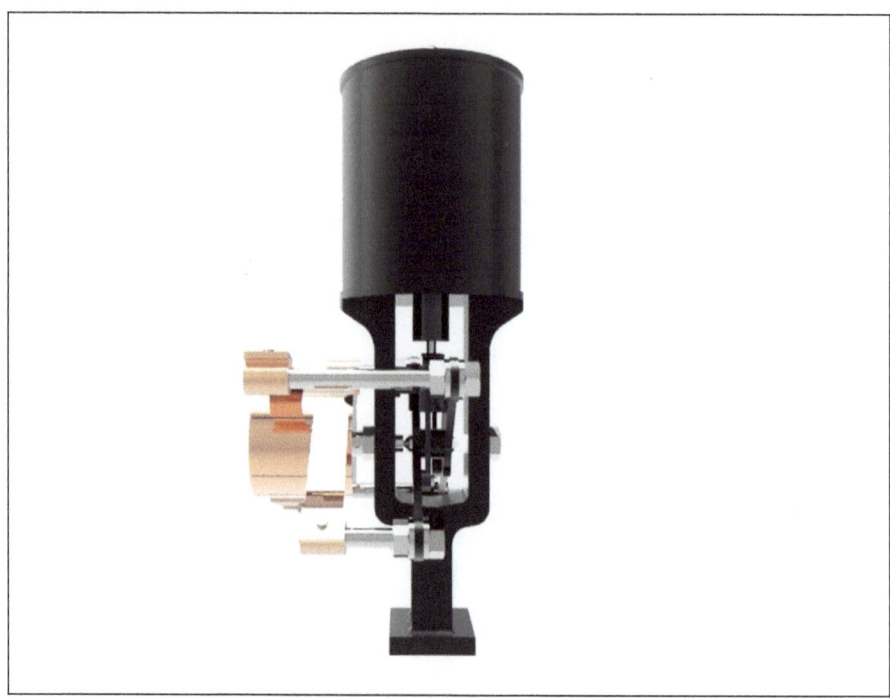

Ilustración 19 - Esta imagen muestra las escobillas móviles de color cobre, y un cilindro de color cobre que muestra la posición relativa con respecto al regulador (Zapata, 2015)

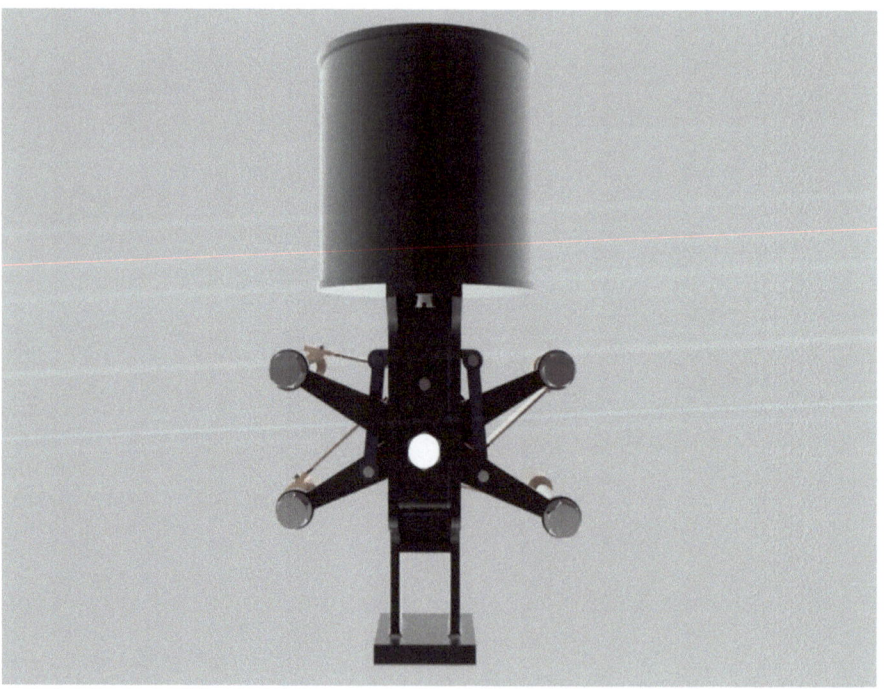

Ilustración 20 - Vista posterior de la máquina del lado contrario a las escobillas, las extensiones verdes que forman la X se mueven de arriba a abajo (Zapata, 2015)

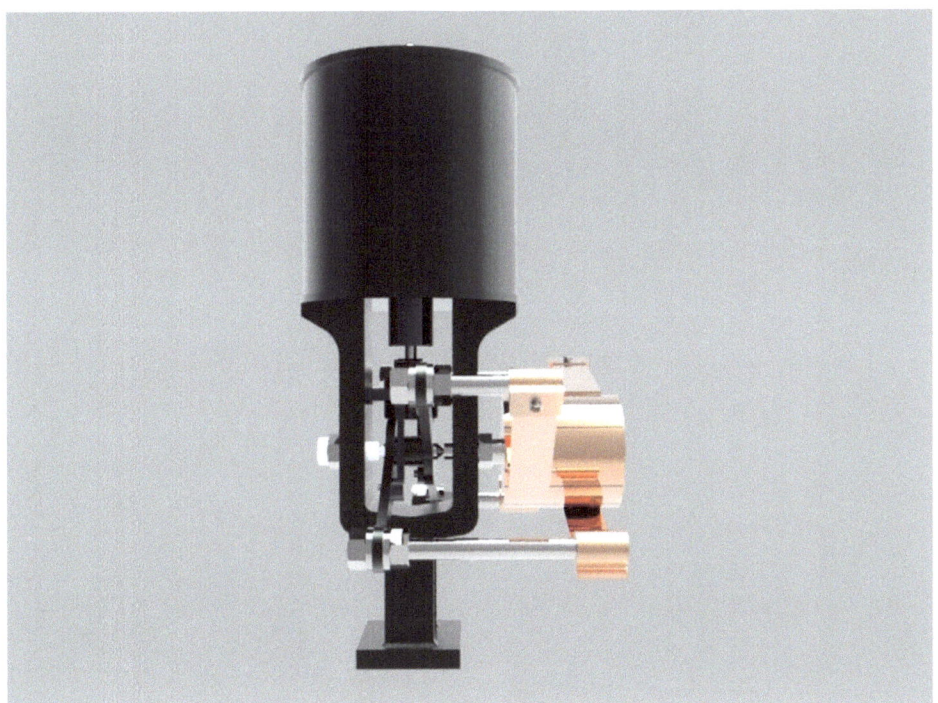

Ilustración 21 -El cilindro de color verde contiene un solenoide que hace subir y bajar un cilindro de color negro en el centro del dispositivo, las extensiones que llevan el movimiento a las escobillas, desde el cilindro negro pasando también por las extensiones verdes que se muestran en X en la anterior Ilustración (Zapata, 2015)

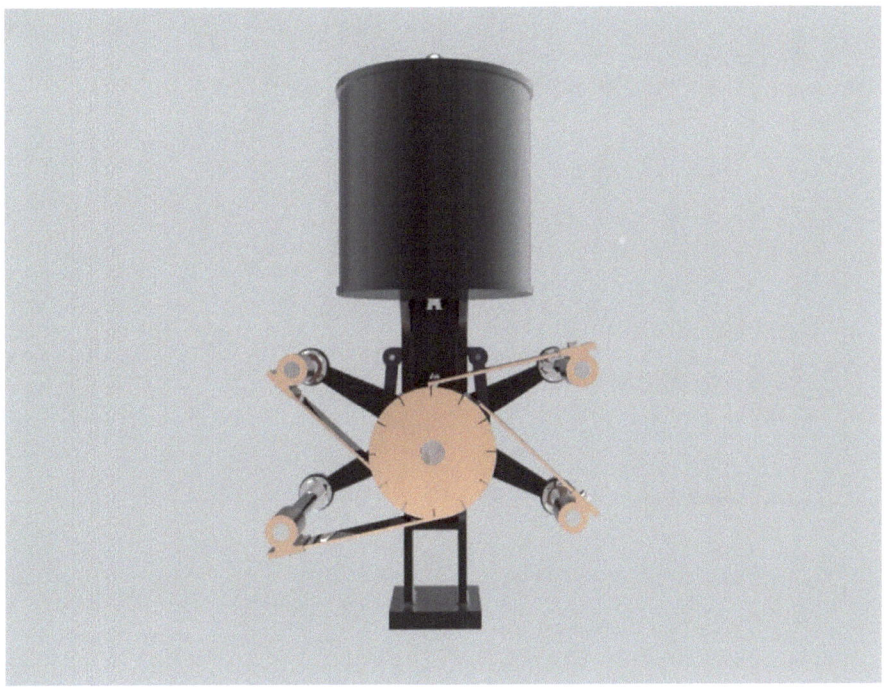

Ilustración 22 - Vista frontal que corresponden con la figura 1 de la patente genuina, el cilindro del cual solo se ve la cara circular muestra la relación de las escobillas con dicho cilindro estas escobillas se mueven de arriba abajo sin tocarse (Zapata, 2015)

Ilustración 23 - Vista superior del aparato donde se puede visualizar el cilindro que contiene el solenoide, las escobillas en color cobre, el cilindro que forma parte del dinamo y las extensiones en color verde y plateado (Zapata, 2015)

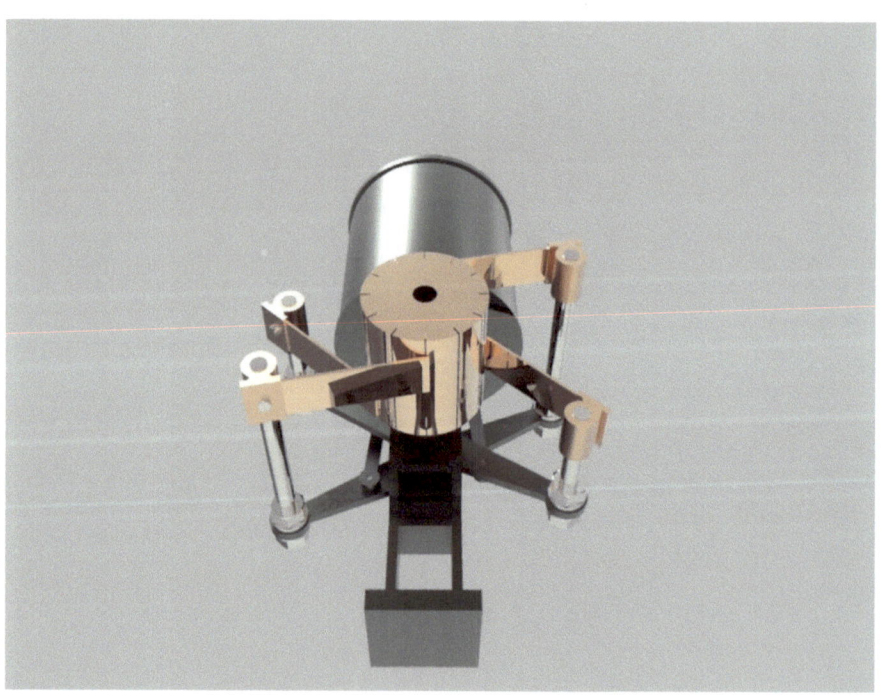

Ilustración 24 - Vista inferior del regulador, donde se muestra la base de la máquina y en color negro las conexiones entre el cilindro negro que mueven las extensiones de color verde (Zapata, 2015)

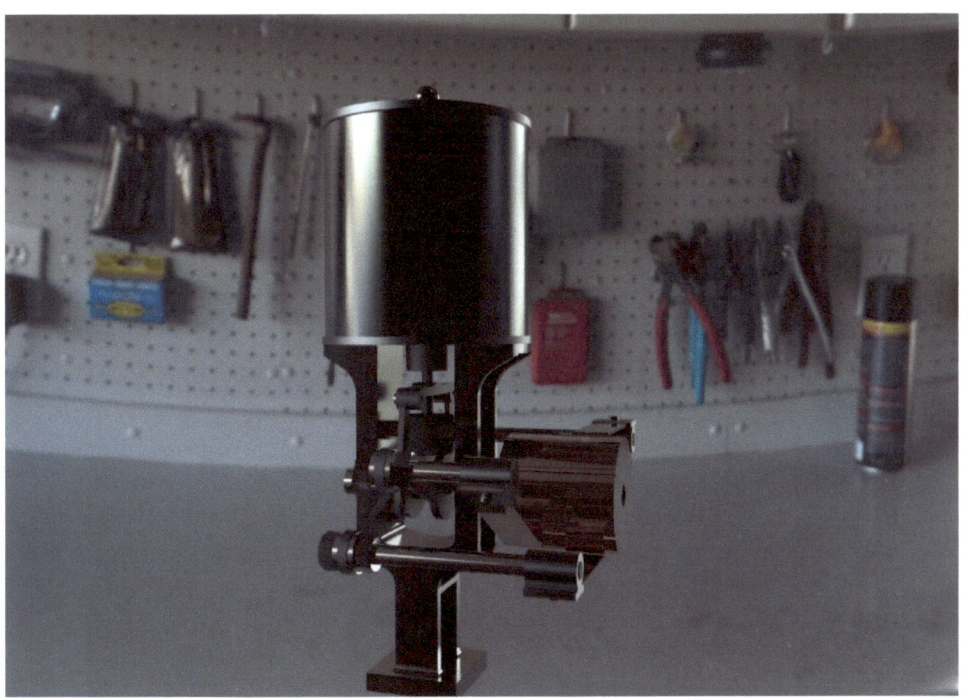

Ilustración 25 -Así se vería el regulador montado en un taller de mecánica, el cilindro de color cobre corresponde con una parte del dinamo y Tesla lo muestra para indicar la posición relativa con respecto a dicho dinamo (Zapata, 2015)

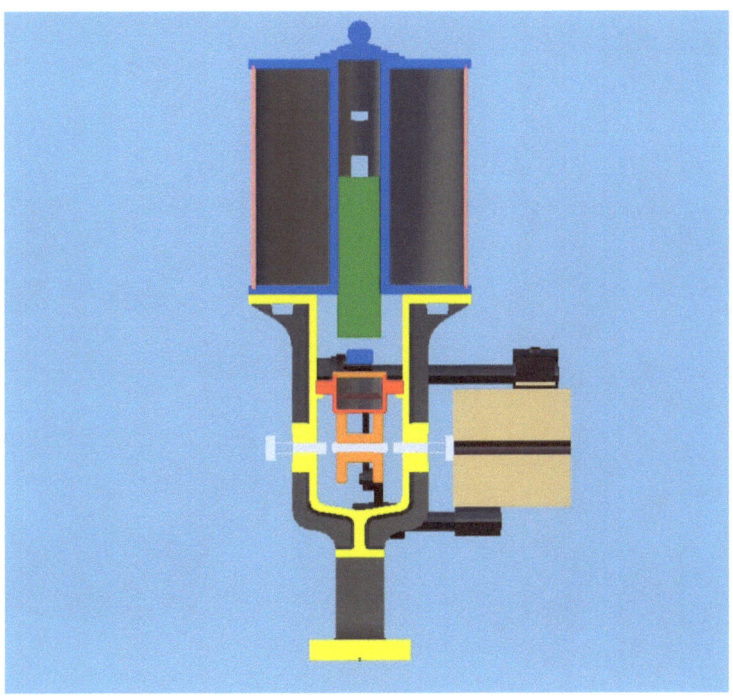

Ilustración 26 - En esta imagen se puede visualizar en verde el cilindro I, que responde a los cambios en la corriente, en rojo el amortiguador, en gris el eje sobre el cual pivotan las palancas "B" de la patente, En azul el contenedor del solenoide (Zapata, 2015)

8   Patente 406968 - Máquina dinamo eléctrica (USPTO 406968, 2015)

8.1   Resumen

Esta invención corresponde con un generador denominado "unipolar" y así mismo Tesla lo menciona en su patente, este dispositivo consta de dos discos conductores que pueden ser de cobre, y que están montados entre dos polos magnéticos adaptados para producir un campo aproximadamente uniforme.

La conexión eléctrica en esta invención se hace en el eje de los dos cilindros mecánicos, Tesla diseño esta máquina de tal forma que los polos del uno de fuerza están oposición al otro, así que la rotación de los discos en la misma dirección desarrolla en uno de ellos una corriente desde el centro a la periferia y en el otro desde la periferia al centro

En esta patente Tesla afirma que el diseño de la patente no tiene que ser exactamente igual a lo que el plantea, en cuando a materiales y forma, pudiéndose cambiar el tipo de correa, la forma en que esta se conecta con los discos (puede cruzarse siguiendo las instrucciones de la patente) y también es posible cambiar los materiales que componen esta invención. Igualmente menciona que este aparato se puede construir subdividiendo sus partes en otras o agregando más cilindros.

Ilustración 27 - Representación de la patente 406.968, Máquina dinamo eléctrica otorgada en Julio 16 de 1889, se puede observar la sencillez aparente de esta máquina, y se aprecian aquí dos máquinas sus parte principales los dos cilindros de cobre en la del lado derecho, y en la máquina del lado izquierdo los terminales color cobre en un lado, las 2 bandas en color negro que conectan los 4 discos de cobre

8.2   Imagen genuina de la patente 406968 Máquina dinamo eléctrica (USPTO 406968, 2015)

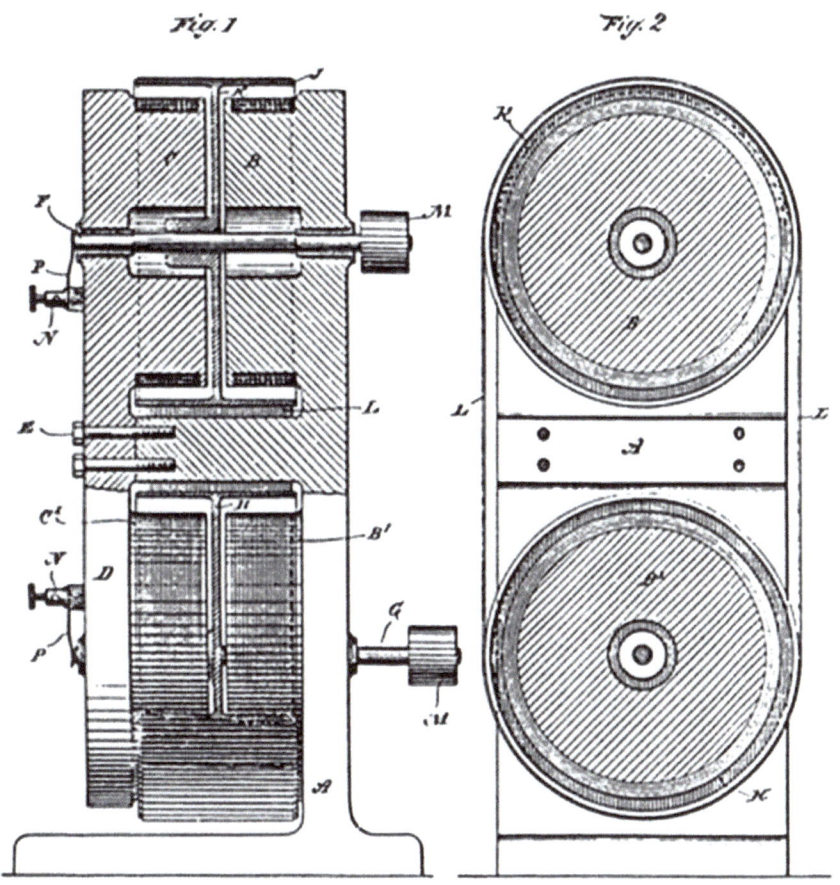

Ilustración 27 - Imagen genuina de la patente 406968 - Máquina dinamo eléctrica

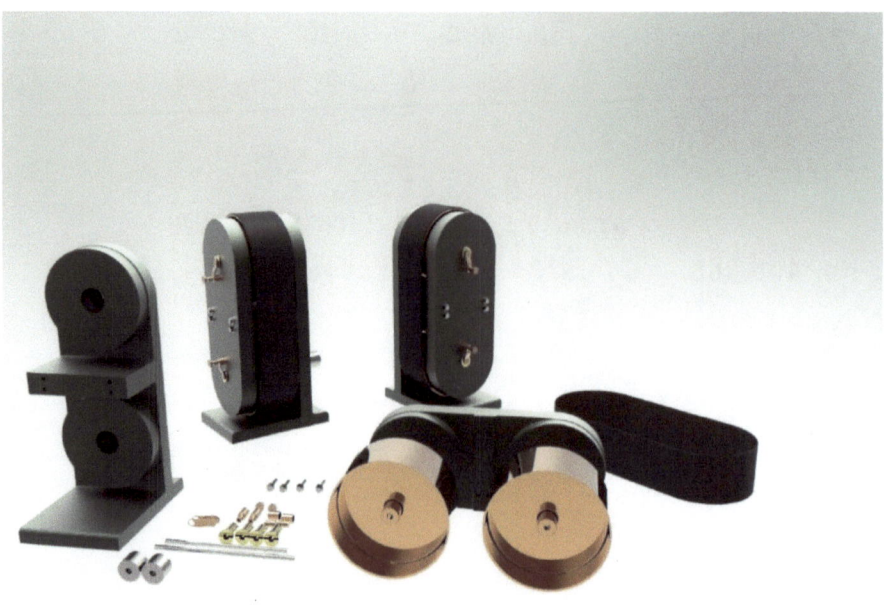

Ilustración 28 - Esta imagen muestra tres máquinas dinamo eléctricas 2 armadas y una desarmada en la parte delantera de la imagen

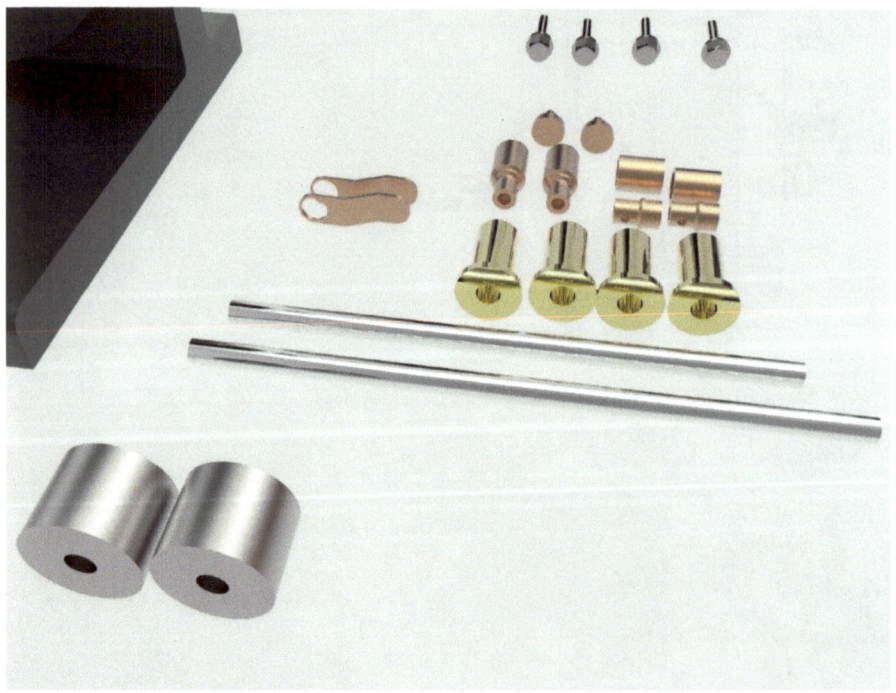

Ilustración 29 - Esta imagen corresponde perfectamente con las partes más pequeñas de la patente 406968, al frente y en color plata los cilindros M, le gien los ejes G de los discos, y en color bronce las parte G, en color cobre se muestran de izquierda a derecha, las partes "P", y en el lado derecho las partes de los conectores N

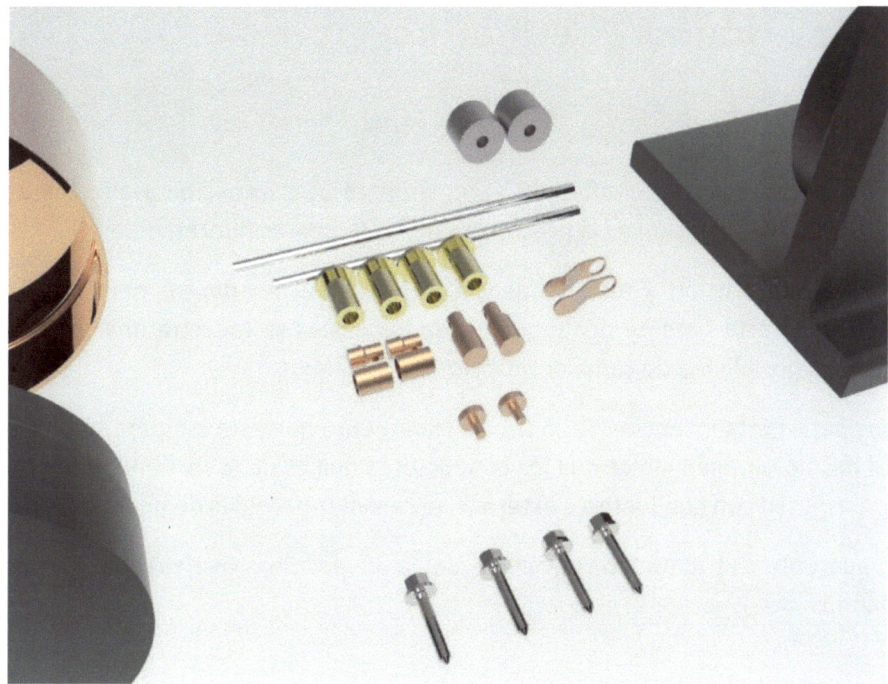

Ilustración 30 -Este acercamiento corresponde con la ilustración inmediatamente anterior desde otro punto de vista, se observan adicionalmente los tornillos "E" y la carcasa magnética de la máquina junto con una parte el disco rotativo en la parte izquierda

9   Patente 455069 - Lámpara eléctrica incandescente (USPTO 455069, 2015)

9.1   Resumen

Con esta invención Tesla consiguió en el año 1891 una lámpara que trabajaba a alta frecuencia y alto voltaje, podemos hacer notar que esta invención es la precursora de las lámparas fluorescentes

La lámpara necesita de alta tensión y alta frecuencia, y la realización dentro del envase contenedor de los electrodos, Tesla mostró en esta patente dos modelos, de los cuales se muestra uno en este libro, sin embargo como siempre Tesla, da la posibilidad de cambiar modelos adicionales.

Como distinción principal en esta invención Tesla señala claramente que esta lámpara solo trabajará con voltajes y frecuencias altas, así mismo también indica que los conductores finales de la corriente deben ser refractarios (G) y que tienen una unión especial con conductores externos, para evitar pérdidas de energía

Podemos notar la aparente extraordinaria sencillez de la invención, Nikola Tesla pensando siempre en la durabilidad y la economía.

Ilustración 31 -Modelo 3D realístico de la figura 1 de la patente 455069

9.2　Imagen genuina de la patente 455069　Lámpara eléctrica incandescente (USPTO 455069, 2015)

(No Model.)

N. TESLA.
ELECTRIC INCANDESCENT LAMP.

No. 455,069.　　　　　　　　Patented June 30, 1891.

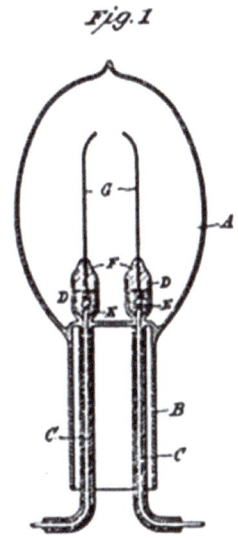

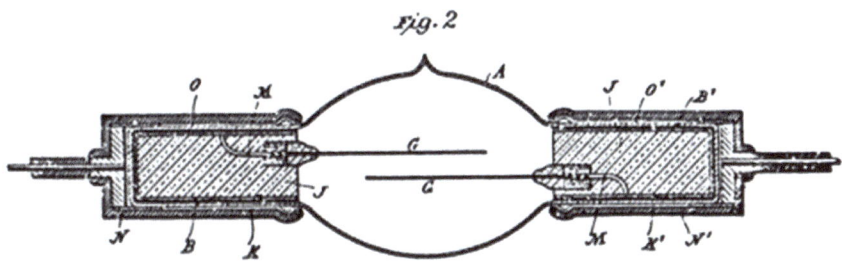

Ilustración 32 - Imagen de la patente original 455069 - Lámpara eléctrica incandescente, Tesla presento dos modelos extraordinariamente sencillos, el principio de la invención se muestra en estas dos figuras.

Ilustración 33 - Este modelo muestra en color cobre los conductores en los cuales se emitirá luz, se muestran los dos conductores en con aislante de color rojo y negro, en negro el material aislante que sostiene el vidrio en el que se ha hecho el vacío

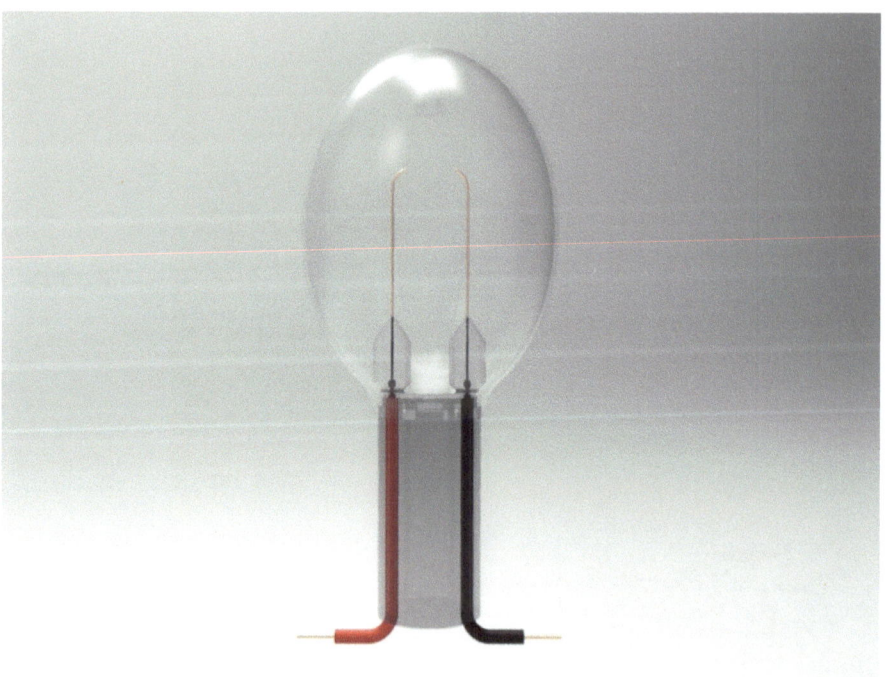

Ilustración 34 - En esta imagen hemos hecho semitransparente el soporte de la lámpara B, para visualizar la forma en que es llevada la electricidad hasta el interior del envase al vacío

Ilustración 35 - En esta imagen mostramos otro punto de vista de la lámpara en ella se visualiza en parte los dos filamentos "G" y las uniones de vidrio D

Ilustración 36 - En esta imagen se visualiza en color cobre los filamentos "G", se aprecian las dos uniones de vidrio "D", observe en color rojo el final del aislamiento del alambre C mostrado levemente en un círculo rojo en la parte superior

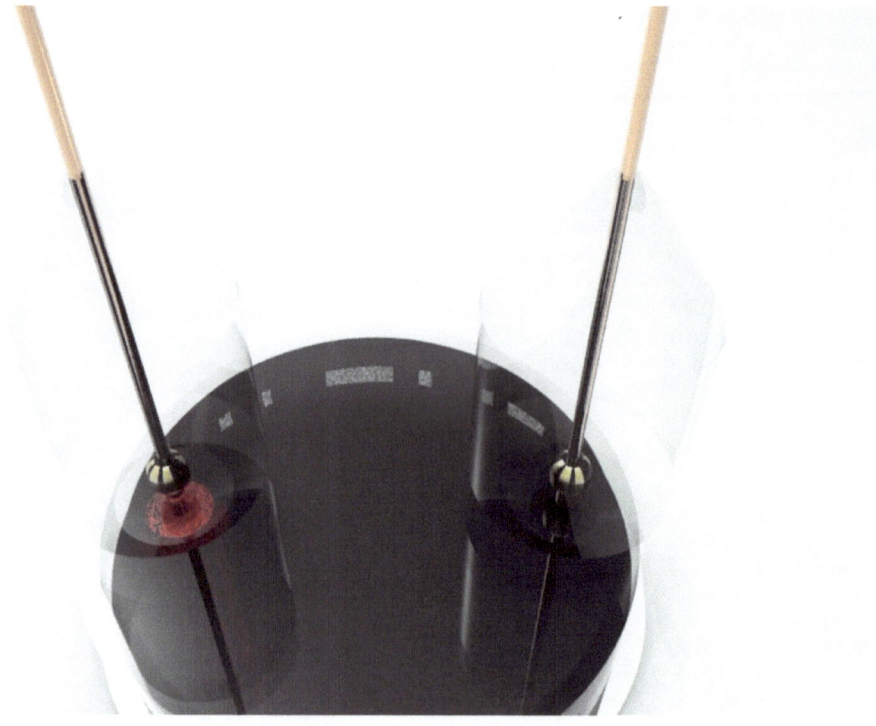

Ilustración 37 - En esta imagen se muestra una ampliación de la patente donde se muestran en color cobre los filamentos G, las uniones de vidrio "D" y la unión eléctrica "E" cuyo material puede ser polvo de bronce según la sugerencia de Tesla

Ilustración 38 - Acercamiento donde se muestran las uniones D, y los filamentos G, y donde se alcanza a visualizar algo de la luz reflejada por el aislante rojo del cable

10 Patente 381968 - Motor Electro-magnético (USPTO 381968, 2015)

10.1 Resumen

Esté invento del siglo XVIII radicado el 12 de octubre de 1887, es la primera patente que describe un motor electromagnético de corriente alterna, es uno de los inventos que más influencia ha tenido en los siglos 20 y 21 su importancia por lo tanto es enorme.

En esta patente Tesla describe los principios de funcionamiento de un motor electromagnético, en los que no es necesario un conmutador, en los que se describe un campo magnético rotatorio que induce corriente sobre bobinas arregladas de diferente forma, el funcionamiento de este motor está muy detallado en dicha patente, incluyendo la misma planos eléctricos y diferentes dibujos que muestran los aparatos que pueden cumplir con la invención.

En este motor la corriente eléctrica alterna produce un desplazamiento de los polos del motor, en esta invención se emplean dos o más bobinas magnéticas independientes, hay varas disposiciones de motores con los cuales se pueden desarrollar las ideas de dicha patente de Tesla, en este libro se trata el motor de la figura 9 de dicha patente.

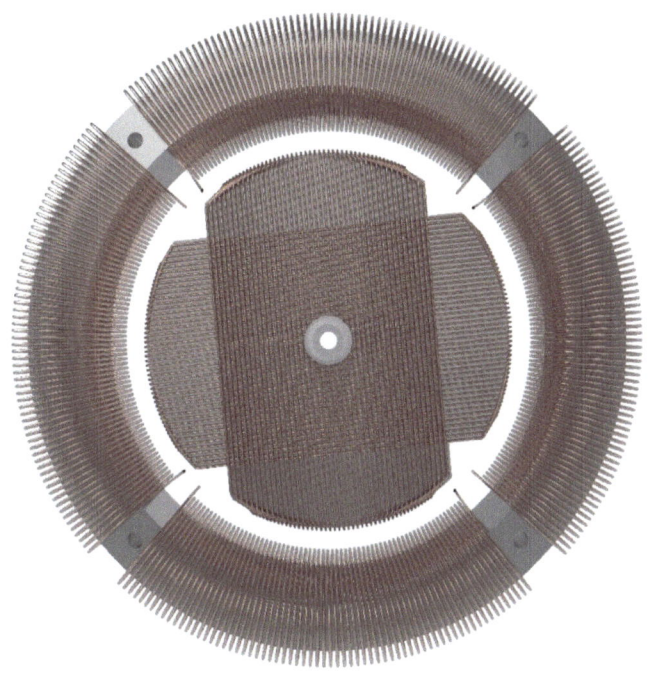

Ilustración 39 -Modelo de la figura 9 de la patente en donde se muestras las bobinas en color cobre, el anillo que le sirve de núcleo en la parte externa y las dos placas metálicas dentro de las bobonas centrales

10.2 Imágenes genuinas de la patente 381968 – Motor Electro-magnético (USPTO 381968, 2015)

10.2.1 Hoja 1 de 4 - patente 381968 – Motor Electro-magnético

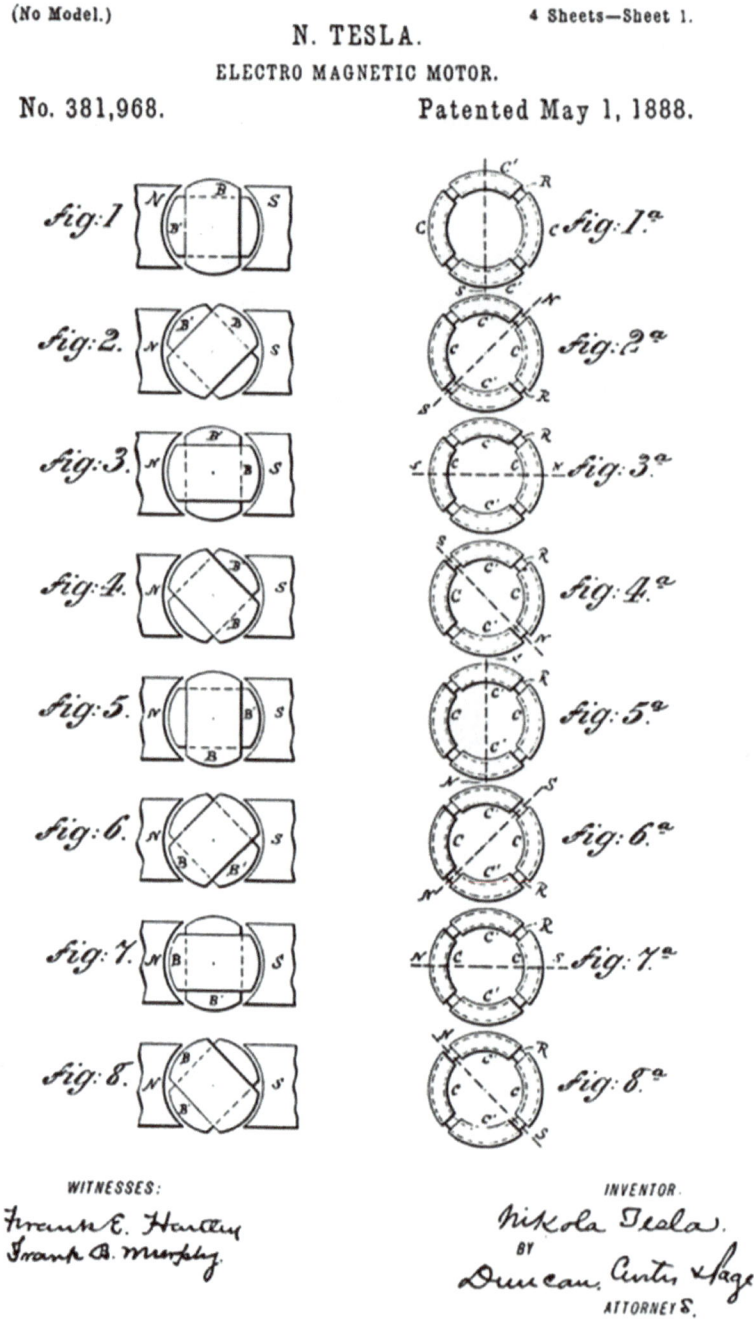

Ilustración 40 - Esquema de funcionamiento patente 381968, motor electromagnético

10.2.2 Hoja 2 patente 381968 – Motor Electro-magnético

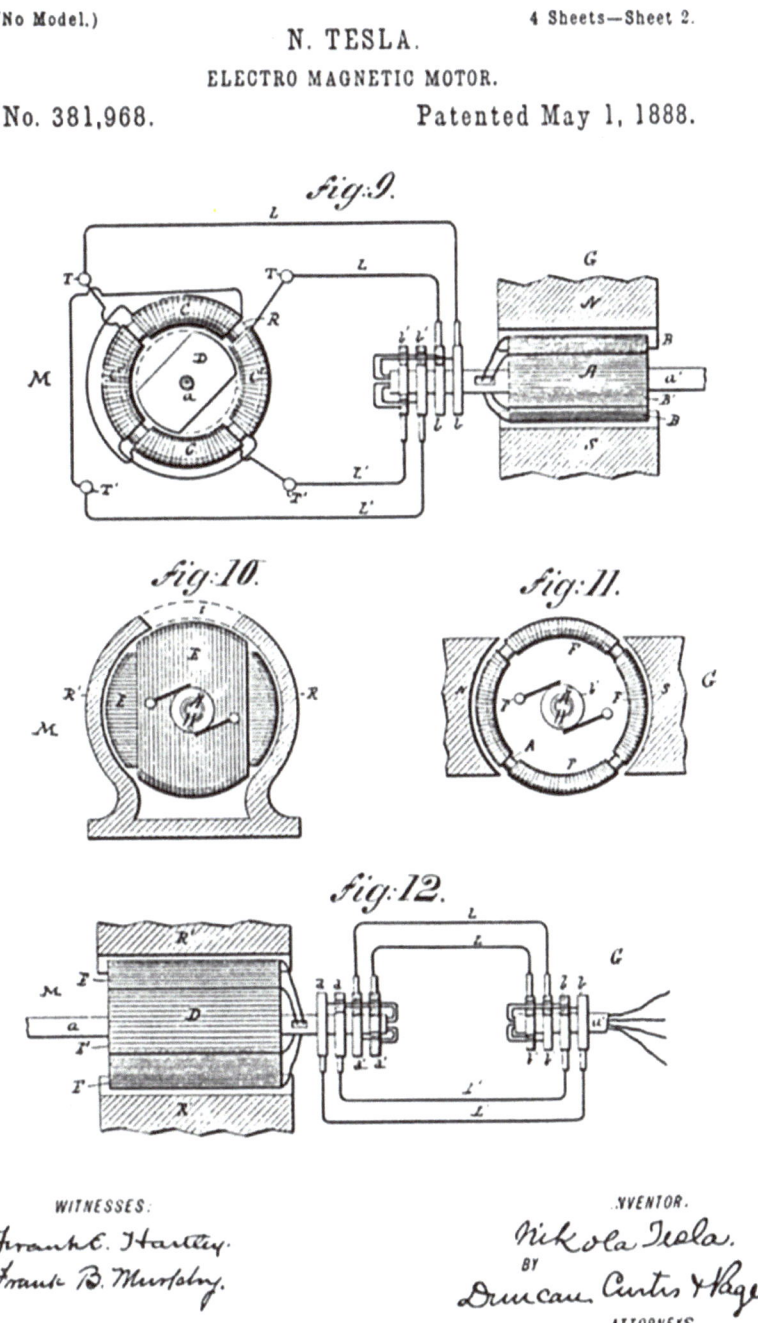

Ilustración 41 - Imagen Patente 381968, el modelo 3D presentado en este libro corresponde con la figura 9 aquí señalada

10.2.3 Hoja 3 patente 381968 – Motor Electro-magnético

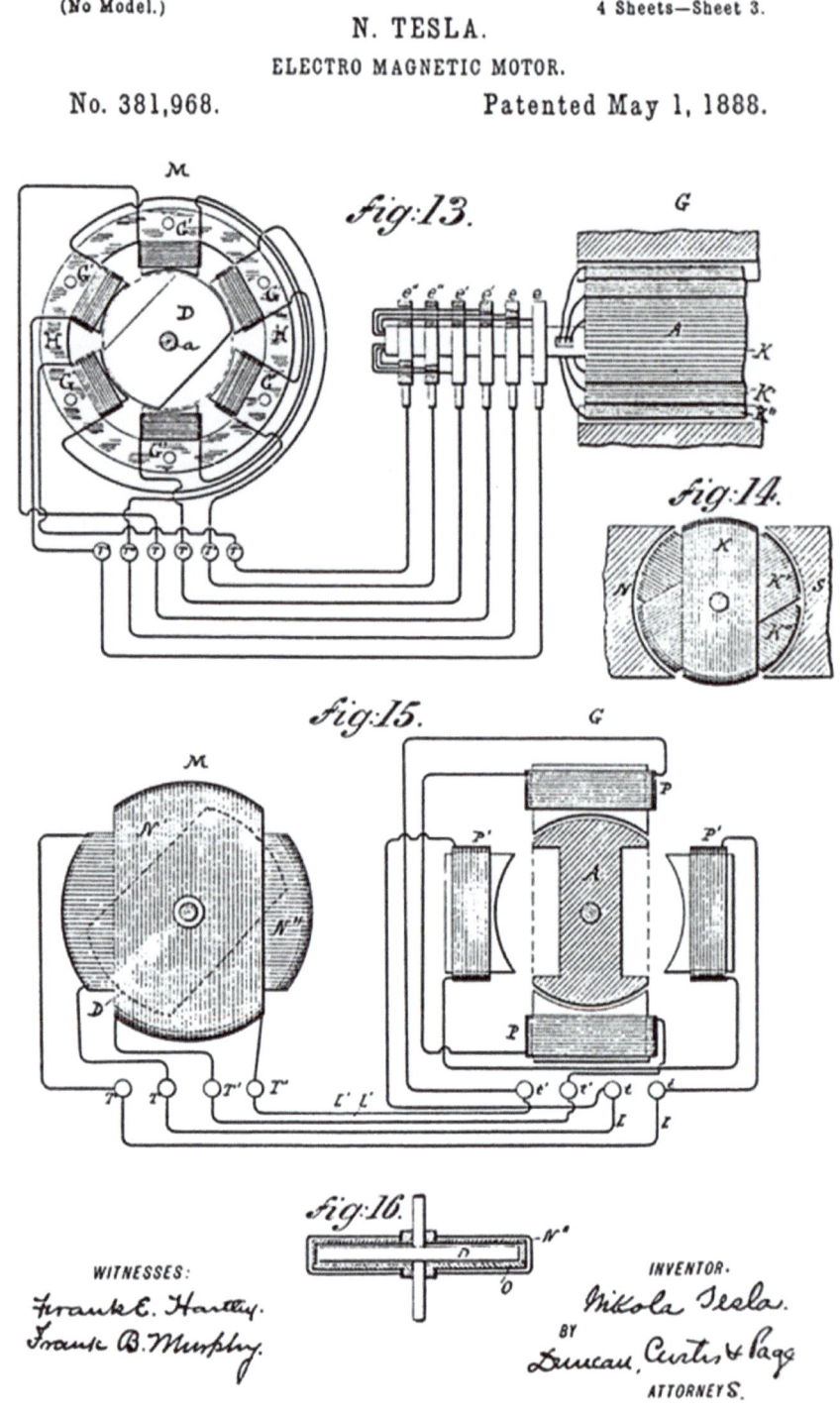

Ilustración 42 - Patente 381968, donde se muestra entre otras cosas un motor con seis polos

10.2.4 Hoja 4 - patente 381968 – Motor Electro-magnético

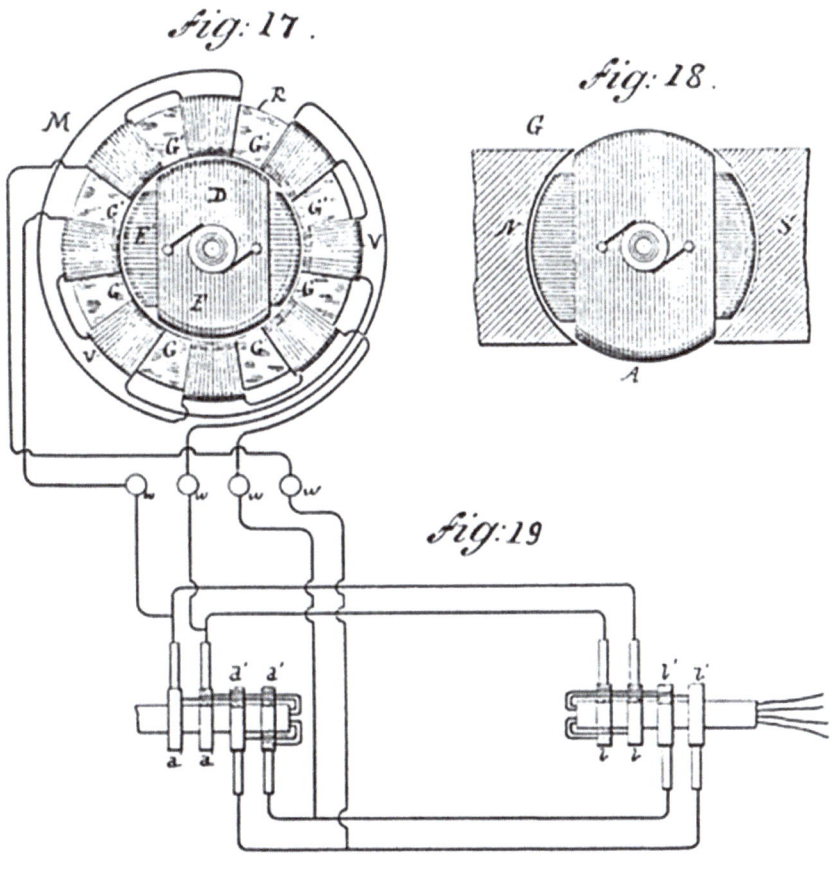

Ilustración 44 - Imagen original 381968 - Motor Electromagnético

Ilustración 43 - Patente 381968 - Motor electromagnético, en la figura 17 se muestra una variante con 8 embobinados

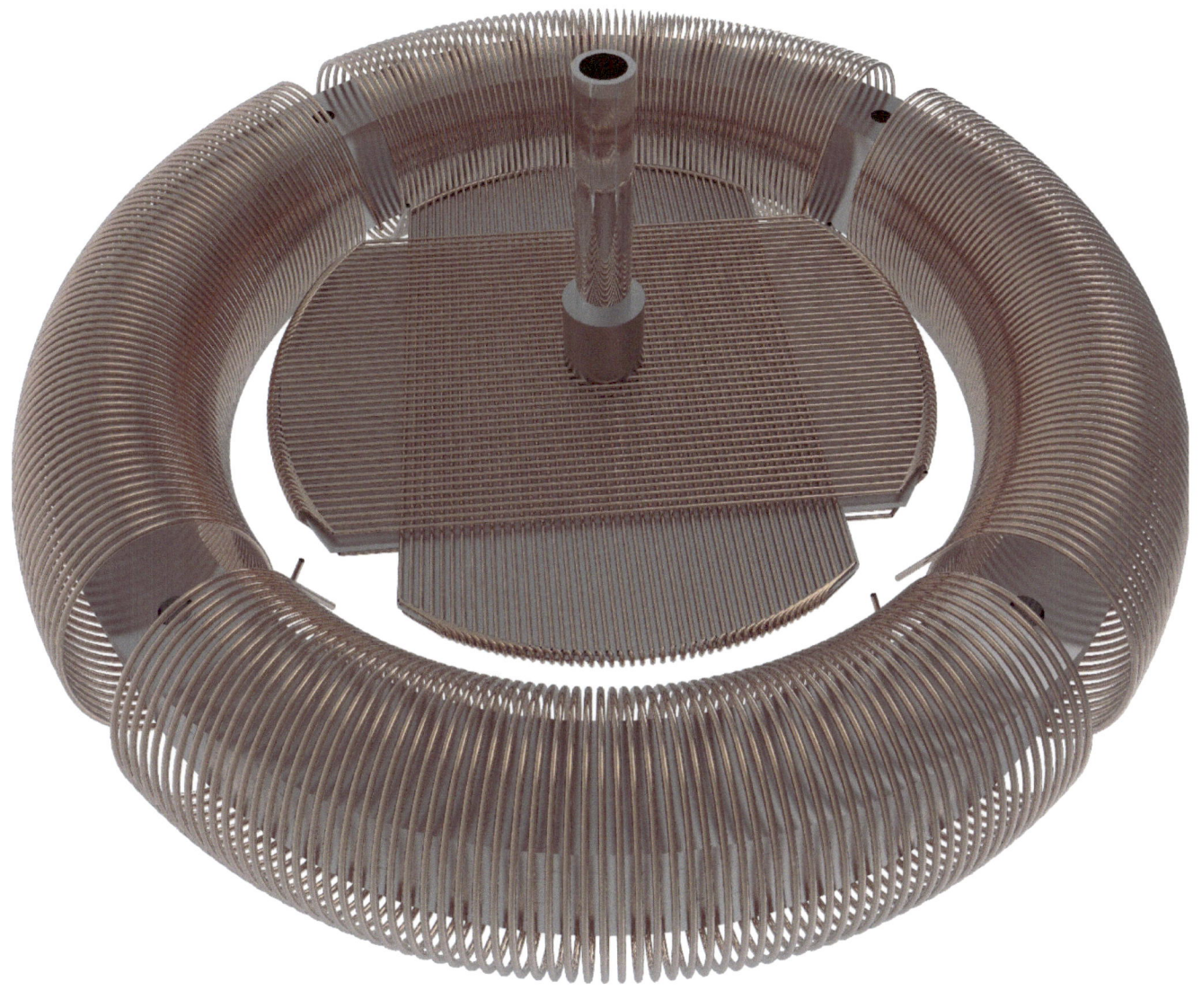

Ilustración 44 - Bobinas presentes en el motor de corriente alterna de la patente 381968

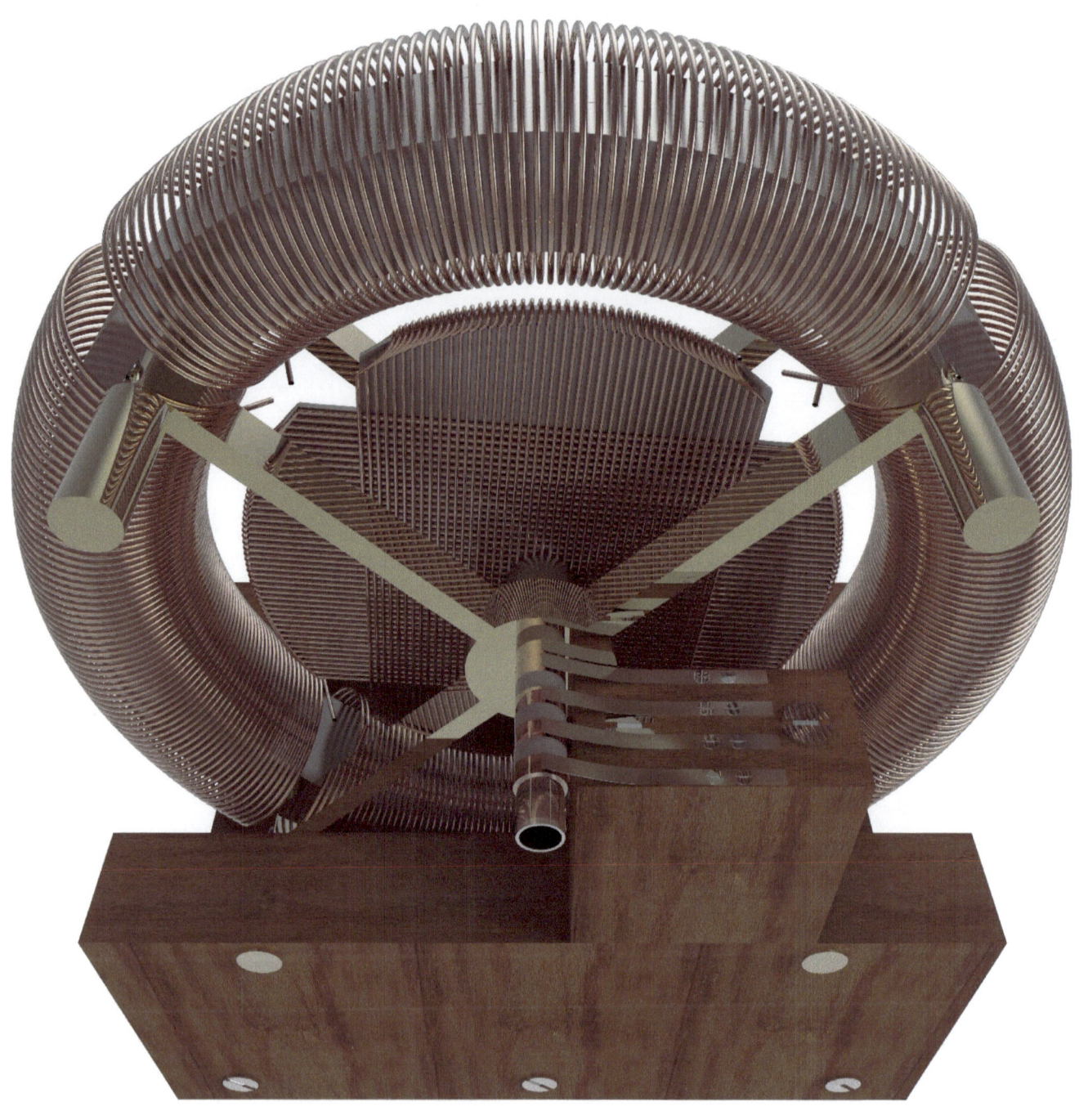

Ilustración 45 - Vista superior modelo 3D patente 381968, se aprecian los terminales que van conectados a las bobinas del rotor y el estator

Ilustración 46 - Motor de la patente 381968, que corresponde con la figura 9, se hizo un montaje para ilustrar forma o disposición probable de esta máquina descrita en la mencionada patente

11 Patente 512340 – Bobina para electro-magnetos (USPTO 512340, 2015)

11.1 Resumen

Esta patente muestra dos formas de embobinar un alambre, la invención parece muy simple, pero esconde algo realmente sorprendente Tesla afirma que la bobina Bifilar de la figura 2 parece no tener autoinducción, esto la hace extraordinariamente eficiente.

Al analizar esta patente debemos concentrarnos en la bobina bifilar que es la que encierra la esencia de la invención, en esta bobina bifilar el final de un conductor está unido con el comienzo del otro, conectándose la bobina de una forma particular.

Note usted la disposición de los conductores rojo y negro de la bobina bifilar los cuales son están arrollados de forma adyacente, formando una espiral plana.

Tesla afirma que el enrolló las bobinas de tal forma que se aseguró lo siguiente (1) La más grande diferencia de potencial entre vueltas, (2) La capacidad de almacenamiento de energía de esta bobina considerada como un condensador es proporcional al cuadrado de la diferencia de potencial entre ellas, y (3) que es evidente que él podía asegurar por la apropiada disposición de las vueltas un gran incremento de la capacidad para un gran incremento de la capacidad para un aumento dado de la diferencia de potencial entre vueltas.

Esta bobina presenta según las reclamaciones de Tesla en su patente una diferencia de potencial suficiente para asegurar una capacitancia capaz de neutralizar la autoinducción.

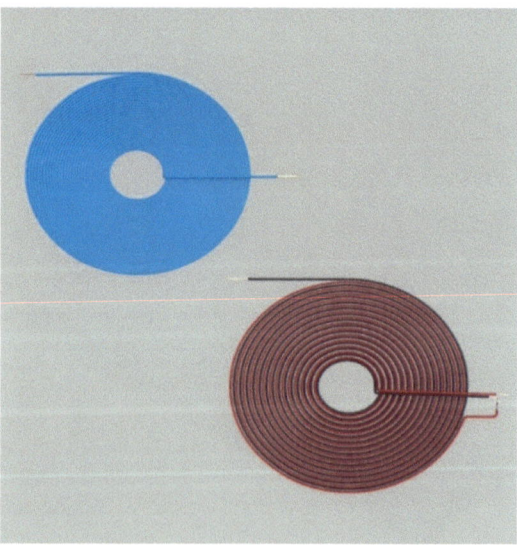

Ilustración 47 - Bobinas de la patente 512340 en azul una bobina plana con un solo conductor, y en blanco y rojo una bobina bifilar en la cual se ha unido el final de un alambre con el comienzo del otro.

11.2 Imagen original de la patente 512340 – Bobina para electro-magnetos (USPTO 512340, 2015)

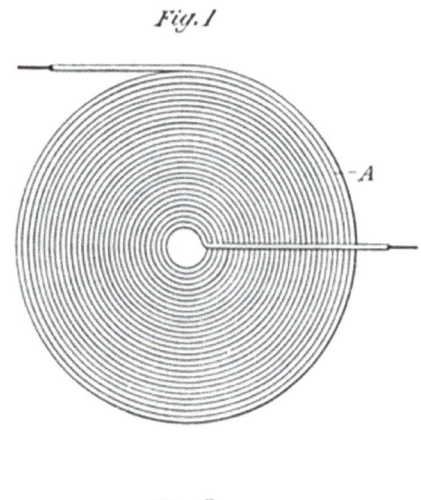

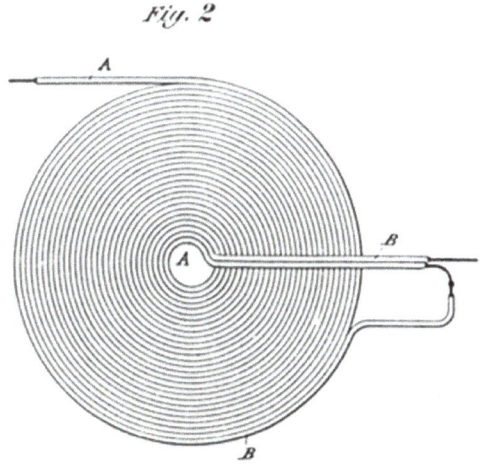

Ilustración 48 - Imagen original de la patente 512340, muestra dos bobinas la de la figura 1 es una bobina de un solo hilo, y la segunda es una bobina bifilar

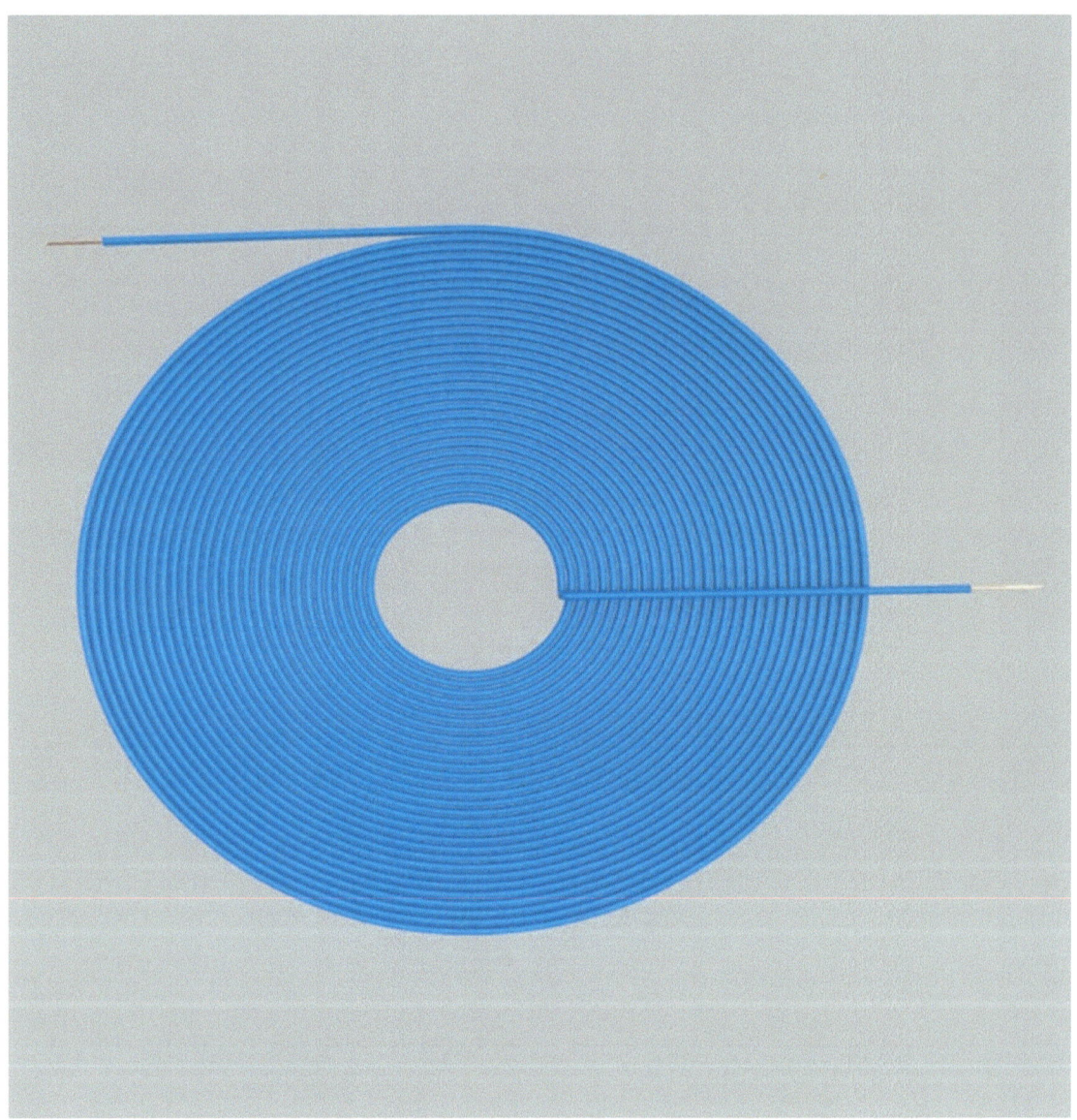

Ilustración 49 -esta imagen representa la figura 1 de la patente 512340, presenta un solo conductor enrollado en espiral deforma plana

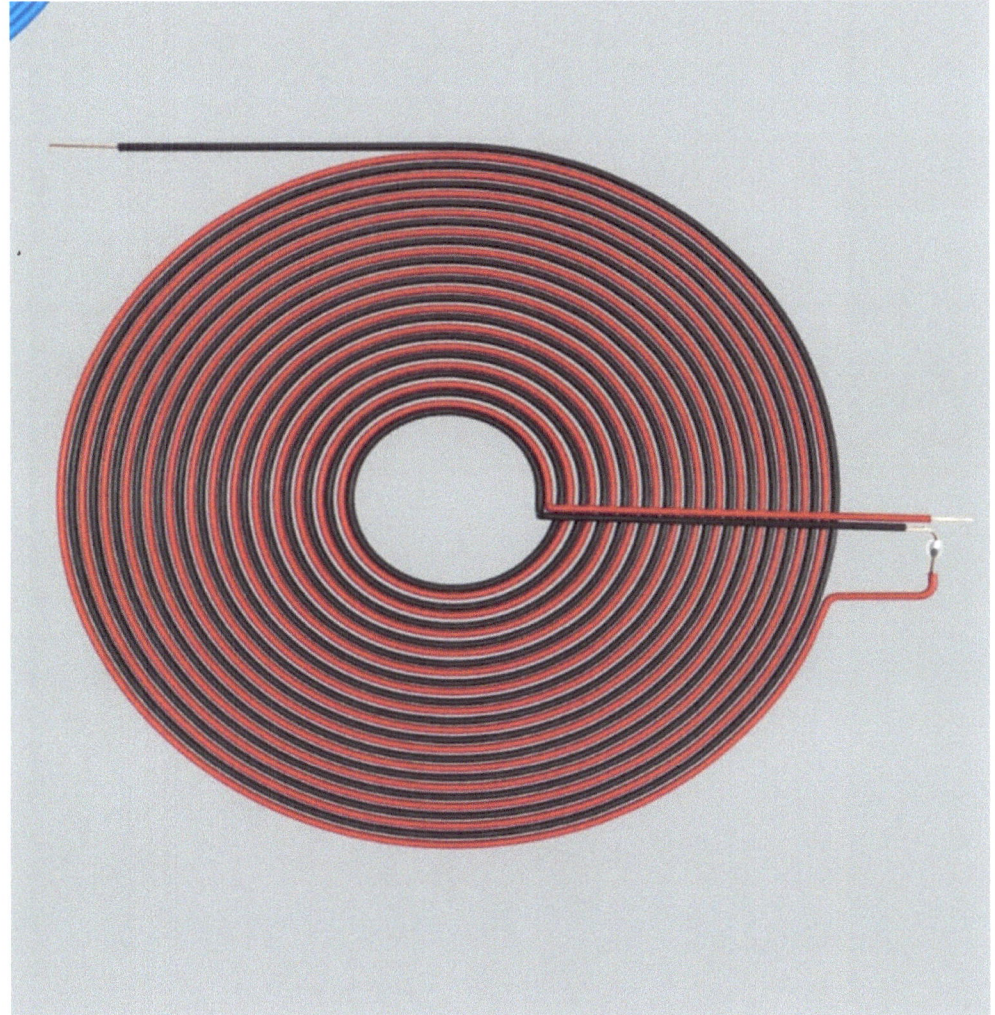

Ilustración 50 - Y esta es la representación de la figura 2 de la patente 512340, y es contiene la esencia de esta patente, al disponerse en esta geometría, la bobina contrarresta la auto inductancia, note la unión de los alambres, en este modelo hay una leve separación entre cada una de las espiras y esto lo hicimos para mantener la claridad de la líneas de la imagen, y en la patente estas van de forma adyacente

Ilustración 51 - La bobina bifilar es plana, aquí se puede apreciar, así mismo podemos notar la unión entre un terminal y otro

12 Patente 514169 - Motor reciprocante (USPTO 514169, 2015)

12.1 Resumen

Con este invento Tesla consiguió un motor que convierte la energía de vapor o gas en potencia mecánica de una forma económica. Este dispositivo no tienen las partes rotativas de otros mecanismos que le confieren gran inercia y por consiguiente un funcionamiento desventajoso, Tesla afirma que este dispositivo está mejor adaptado para el uso en altas temperaturas y presiones, y que es capaz de ser adaptado a aplicaciones industriales, particularmente con unidades pequeñas.

Tesla en este dispositivo creó un "resorte de aire" con el fin de producir vibraciones isocrónicas en el sistema del que forma parte, el periodo de estás vibraciones dependerá de la rigidez de este resorte y de la inercia del sistema móvil, la rigidez viene siendo representada por el tamaño de la cámara de aire, y la inercia dependerá del peso de las piezas móviles.

Este dispositivo funciona así: Si el pistón está en el medio del cilindro "A", el embolo J estará en el centro del cilindro I"" y el aire en ambos lados de dicho cilindro estará con la misma presión atmosférica, si el vapor o el de aire comprimido entra por las perforaciones "C" del cilindro A un movimiento es impartido al pistón como un golpe repentino, este a su vez moverá el embolo que responderá como si fuera un resorte normal, el movimiento del pistón en cualquier dirección cesará cuando la fuerza que lo impulsó y el impulso que ha adquirido son contra-balanceados por el incremento de la presión de vapor o de aire comprimido en ese extremo del cilindro hacia el cual se está moviendo, y como en el movimiento se estabiliza en un punto dado, la presión que lo mueve y estabiliza tiende a devolverlo. Él es entonces impelido en la dirección opuesta, y la acción es continuada mientras que la presión sea aplicada. Los movimientos del pistón comprimen y rarifican el aire en el cilindro I en las terminaciones opuestas del mismo alternativamente. Un golpe hacia adelante comprime el aire adelante del émbolo "J" el cual actúa como un resorte para devolverlo. Similarmente un golpe en la dirección opuesta comprime el aire en la dirección opuesta del embolo J y tiene a empujarlo hacia adelante, esta acción del embolo hace las veces de resorte, las dos cámaras la del embolo y la del pistón pueden considerarse como un solo resorte.

Algo muy interesante en este dispositivo es que la cámara de aire en el cilindro I se calienta en su funcionamiento y este calor es transferido al motor a través de la sobrecubierta de dicho cilindro, *y Tesla afirma que de esta forma se aumenta la eficiencia del motor, de la misma forma Tesla afirmo: "… que los impulsos alternados de potencia del pistón y las vibraciones naturales del resorte deberían siempre corresponder en dirección y coincidir en el tiempo", o en otras palabras los impulsos alternados y las vibraciones naturales del resorte tienden a estar en resonancia. Y es posible que esta última característica sea la que le confiera esa propiedad de entrar en resonancia con el suelo.*

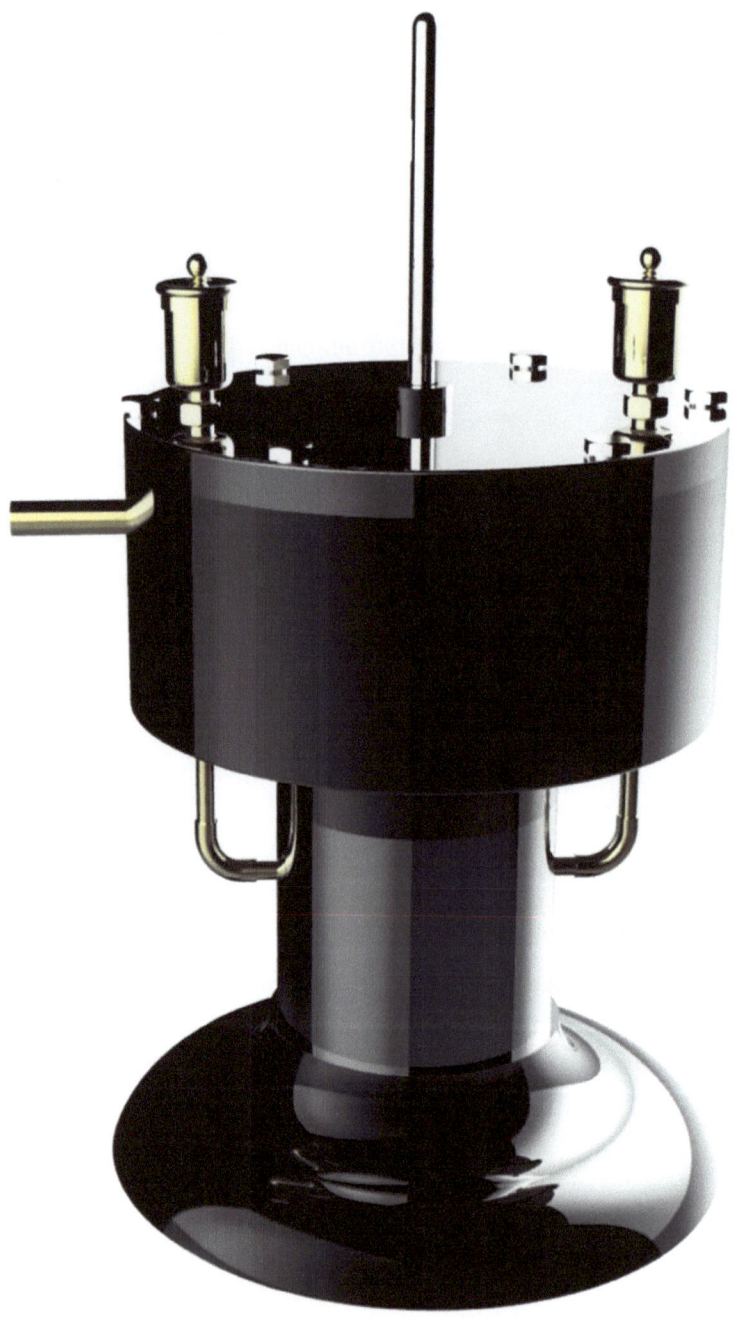

Ilustración 52 - Modelo 3D de la patente 514169, esta máquina de gran belleza esconde un complejo funcionamiento

12.2 Imagen genuina de la patente -514169 Motor reciprocante (USPTO 514169, 2015)

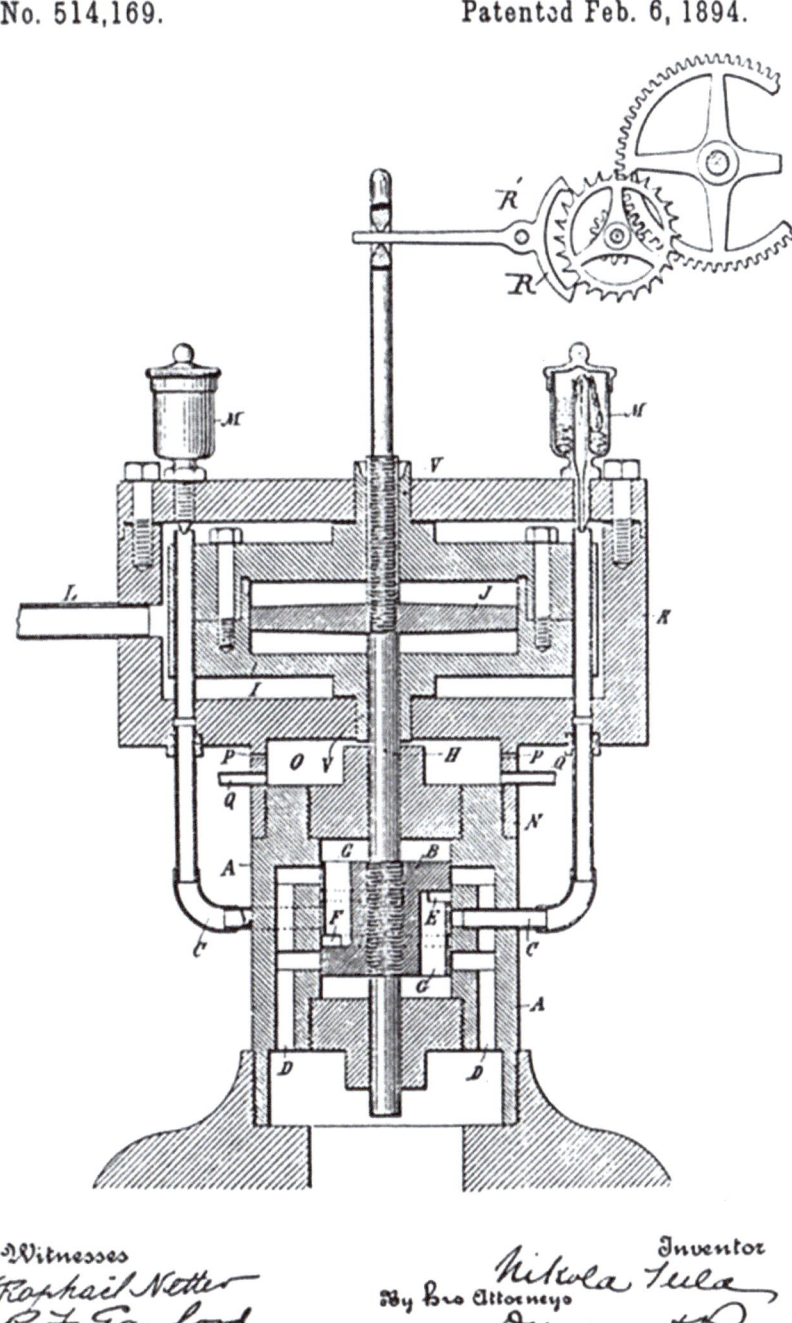

Ilustración 53 - Imagen genuina de la patente 514169 donde se muestran todas las partes móviles de la misma, para destacar en esta patente que en un solo dibujo es posible plasmar la esencia de una máquina que tiene una extraordinaria complejidad

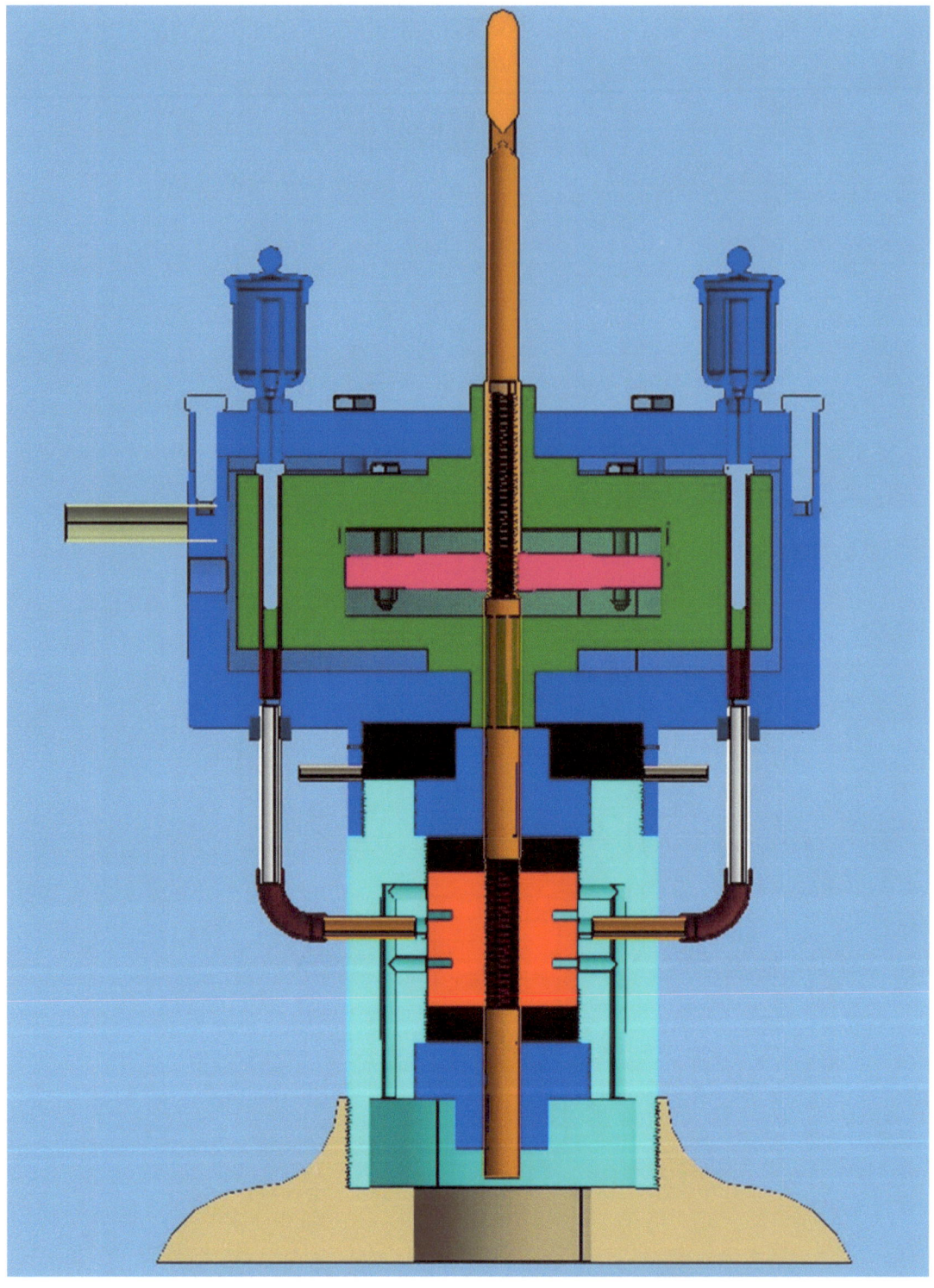

Ilustración 54 - Corte transversal del motor reciprocante, en rojo el pistón B, en rosado el embolo J, ellos dos están conectados por el cilindro H

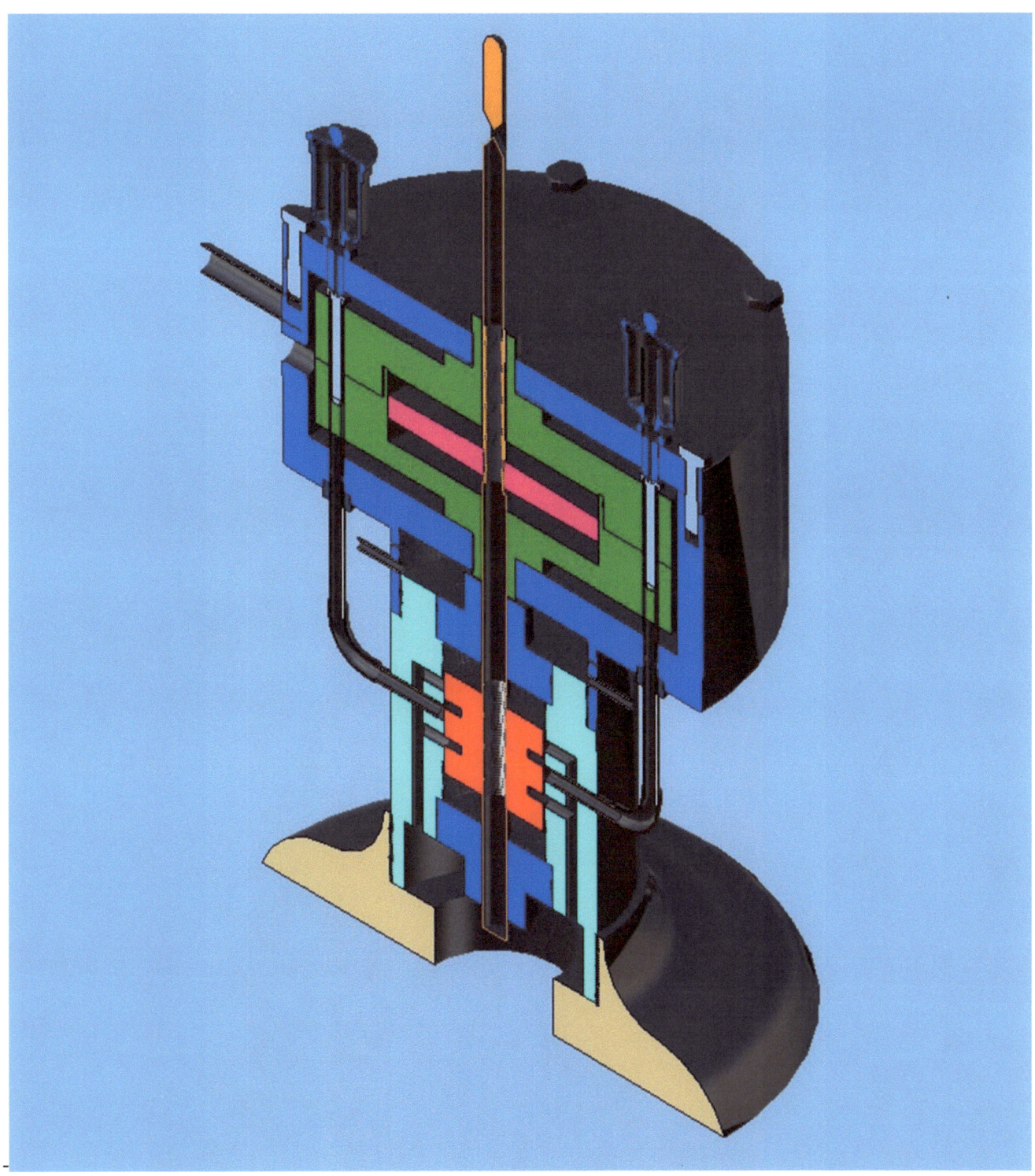

Ilustración 55 - Corte transversal patente 514169 - Motor reciprocante, observe que entre las partes "I" en verde y la tapa externa K en azul, hay una cámara de aire que se caliente a medida que el aire allí presente se calienta de la misma forma, ese calentamiento hace que la eficiencia de esta máquina se incremente

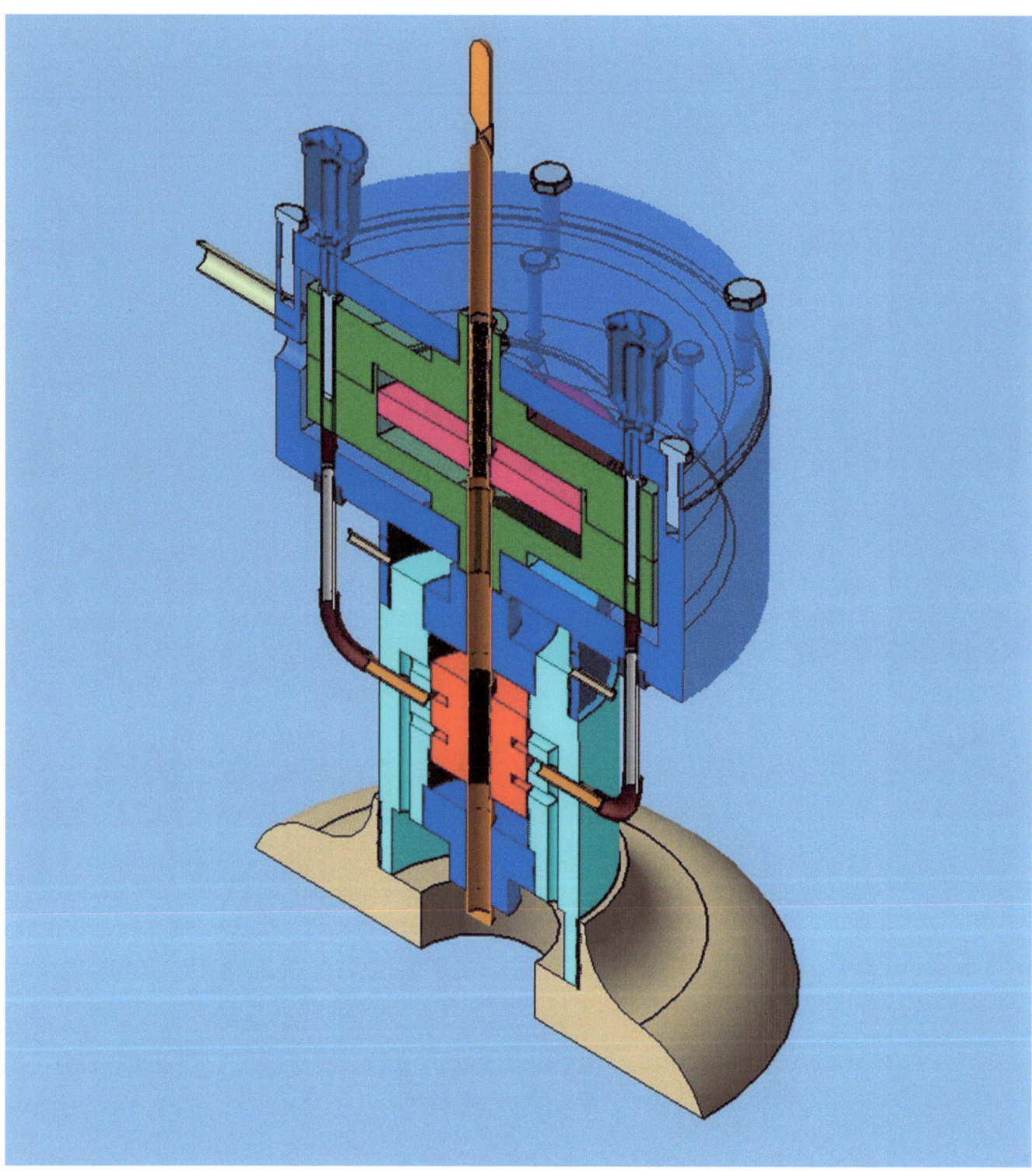

Ilustración 56 - Corte transversal patente 514169 - Motor reciprocante tapa transparente, el pistón "B" en color rojo es contenido por el cilindro en color cian (azul claro) y embolo "J" es contenido por el cilindro formado dentro de las partes en verde "I", la entrada de aire "L" de alimentación se encuentra por el lado izquierdo en color verde claro, el pistón "B" y el embolo "J"

Ilustración 57 - En la izquierda podemos ver una motor armado y en la derecha una máquina idéntica desarmada en la que se observan todas las partes

Ilustración 58 - Dos motores, en la izquierda hay uno armado y en la derecha otro idéntico desarmado mostrando todas sus partes

13 Patente 567818 - Condensador Eléctrico (USPTO 567818, 2015)

13.1 Resumen

En esta patente Tesla describe dos tipos de condensadores, el modelo de la figura 2 de dicha patente es el que corresponde con la imagen, con esta invención Nikola Tesla pone de manifiesto que la eficiencia de los condensadores es mejorada con la utilización de líquidos dentro de los condensadores, excluyendo con ello el aire en su interior, en esta patente Tesla describe la utilización de dos compuestos líquidos, uno conductor y el otro aislante que van sobrepuestos, en la parte inferior del condensador debería ir el líquido conductor que Tesla sugiere sea una solución salina, y en la parte superior él utiliza aceite, la formula química de ambos líquidos no es descrita por Tesla.

Otra característica muy importante de los condensadores de Tesla es que son condensadores asimétricos, pues las superficies de los dos electrodos no tienen la misma área siendo el electrodo sumergido dentro de los líquidos el de mayor área expuesta y el otro electrodo es el que está conformado por el envase contenedor.

La utilización de dos líquidos con diferentes densidades y teniendo en cuenta la finalidad de cada uno de ellos hace concluir que los condensadores debían ubicarse de tal forma que el aceite estuviese en la parte superior del condensador que corresponde según la patente con la tapa de material aislante.

En la figura del modelo 3D se toma como base para ambos condensadores una figura circular, pero bien podría también interpretarse en ambos figuras de la patente, como una base rectangular o cuadrada, hay en ese punto cierta ambigüedad, que se hubiese remediado con la inclusión de otra vista en las figuras.

Ilustración 59 - Condensador, una interpretación del plano entregado por Tesla en su patente 567818

13.2 Imagen de la patente 567818 - Condensador Eléctrico (USPTO 567818, 2015)

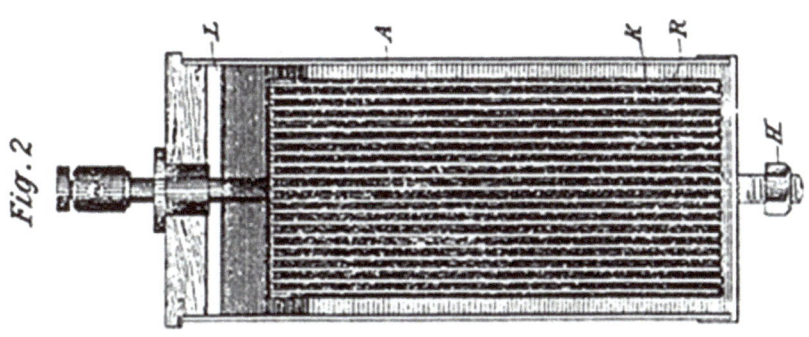

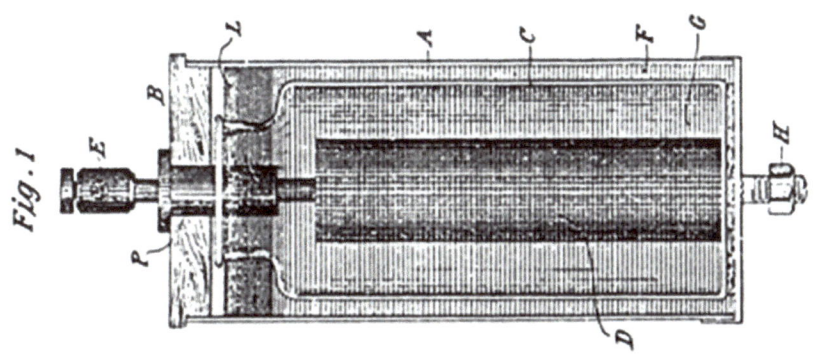

Ilustración 60 - Imagen genuina de la patente 567818 condensador eléctrico, en este libro se modelo la figura 2, asumiendo que el condensador alli representado tenia una base cilindrica, sin embargo la imagen original de la patente podria también tener una base rectangular o incluso cuadrada

Ilustración 61 - Despiece del condensador eléctrico, de izquierda a derecha, contenedor metálico de base cilíndrica, en el centro se aprecia en color cobre el conector superior, la tapa en madera, los electrodos metálicos en el interior, la tapa inferior del condensador y el terminal inferior, al lado derecho se visualiza el dieléctrico el material seleccionado para este dieléctrico era "gutapercha"

Ilustración 62 - Despiece del condensador eléctrico en la que se le ha dado un giro al electrodo interno, de izquierda a derecha, contenedor metálico de base cilíndrica, en el centro se aprecia en color cobre el conector superior, la tapa en madera, los electrodos metálicos en el interior, la tapa inferior del condensador y el terminal inferior, al lado derecho se visualiza el dieléctrico el material seleccionado para este dieléctrico era "gutapercha"

14 Patente 685012 – Medios para el incremento de la intensidad de las oscilaciones eléctricas (USPTO 685012, 2015)

14.1 Resumen

Con esta invención Tesla ilustra cómo mejorar la transmisión de señales al disminuir la temperatura de los conductores que forman parte del circuito acopladas, en esta patente se explica claramente la intensión incrementar las señales aun a costa del aumento de la utilización energía, no se pretende con esta patente por lo tanto el ahorro de la energía eléctrica.

Con esta invención se pretende de dejar a los conductores inmersos en un refrigerante, pues a pesar que se obtengan las condiciones óptimas de funcionamiento con una inductancia máxima y un resistencia mínima, sin embargo al pretender un mayor inductancia la frecuencia disminuye proporcionalmente con esta, pretender disminuir la resistencia con el aumento del calibre del conductor tiene un efecto mínimo especialmente cundo aumenta las frecuencias.

En esta patente se muestran dos circuitos uno de ellos puede tomarse indistintamente como el transmisor y el otro como el receptor, en esta patente Tesla declaró que tiene como intención aumentar la intensidad de las oscilaciones. Esta patente al igual que otras de Tesla ésta diseñada para trabajar con alta frecuencia.

Ilustración 63 - Modelo patente 685012 - Medios para incrementar la intensidad de las oscilaciones eléctricas

14.2 Imagen genuina de la patente 685012 - Medios para el incremento de la intensidad de las oscilaciones eléctricas (USPTO 685012, 2015)

No. 685,012.

Patented Oct. 22, 1901.

N. TESLA.

MEANS FOR INCREASING THE INTENSITY OF ELECTRICAL OSCILLATIONS.

(Application filed Mar. 21, 1900. Renewed July 3, 1901.)

(No Model.)

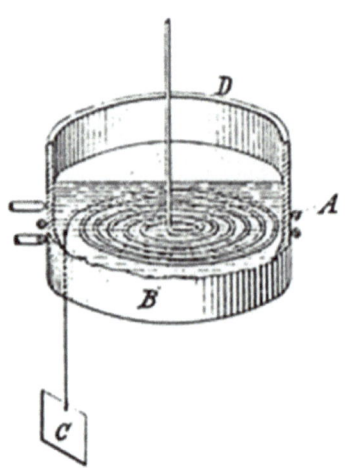
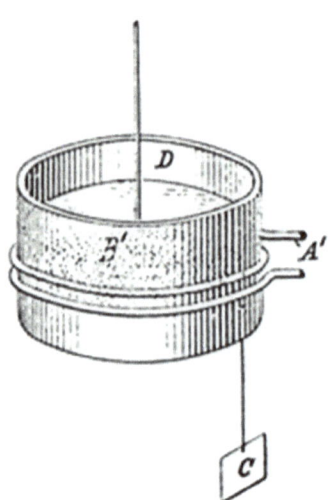

Witnesses:

Raphael Netter

Benjamin Miller

Nikola Tesla, Inventor

by Kerr, Page & Cooper Att'ys.

Ilustración 64 - Patente 680125 imagen original, B son los envases dentro de los cuales se contiene un refrigerante, A es la bobina primaria y D la bobina secundaria, que tiene dos extremos uno extendido hacia arriba y el otro conectado a tierra "C"

Ilustración 65 - Patente 685012 - Modelo donde se aprecia mejor refrigerante dentro del envase, dos placas que representan la tierra, y las bobinas respectivas de cada uno de los circuitos transmisor y receptor

Ilustración 66 - Patente 685012 acercamiento al envase contenedor del refrigerante, el compuesto químico que sugiere Tesla es aire líquido

Ilustración 67 - Vista inferior modelo patente 685012 - se aprecia la bobina en espiral plana y su conexión a tierra que es representada por la placa cuadrada.

Ilustración 68 - Patente 685012 sobre la mesa, en la actualidad con la tecnología CGI es más difícil distinguir las imágenes reales de las virtuales

15 Patente 1119732 - Aparato para la transmisión de la energía Eléctrica (USPTO 1119732, 2015)

15.1 Resumen

Esta es sin duda una de los inventos más representativos de las creaciones de Nikola Tesla, me atrevo a decir que esta es la invención y sus variantes más conocidas por la mayoría de las personas del común, e igualmente una de las más polémicas.

Lo que se menciona en esta patente es indudablemente cierto, más teniendo en cuenta que Tesla no escribe en ella medidas precisas, esta patente fue radicada en el año 1902, y fue otorgada 12 años después el primero de diciembre de 1914, situación bastante notoria en la que se deja ver la importancia que esta patente tenía para Tesla

Esta patente al igual que otras patentes de Nikola Tesla nuevamente esconde interesantes datos de mayor complejidad, y forma parte de otras patentes que Tesla utilizó efectivamente, y para ilustrar este aspecto y como dato curioso puedo señalar que esta es una de las invenciones que más exigen capacidad de computo a la hora de modelar en 3D la parte mecánica de este sistema, llegando en algunos momentos a detener por completo los equipos de baja capacidad de procesamiento de imágenes y esto se debe entre otras cosas a las aproximadamente 1630 semiesferas de la parte superior del modelo, sobrepuestas en un toroide metálico (891 en la mitad superior de dicho toroide y 739 en la parte inferior del mismo).

Otra característica importante y no apreciada visualmente por el ojo desconocedor del área técnica en la patente original es la utilización de tres bobinas de diferente diámetro, enrolladas con dos conductores diferentes, y esto Tesla le confiere especial importancia, afirmando que la bobina interior se comporta como la bobina exterior.

Con esta invención Tesla no da exactas distancias de transmisión de la energía eléctrica, pero si habla de gran distancia, esta patente me recuerda las ollas a presión porque Tesla incluye un dispositivo que puede salir volando cuando se ejerzas grandes presiones eléctricas en la máquina, este dispositivo sencillo al que me refiero es una pequeña pieza marcada en la patente original con la letra "V".

Con la utilización de ese número de semiesferas en la parte superior Tesla consigue un aumentar enormemente el área expuesta que si solo se tuviera un simple toroide, estas esferas me recuerdan las huellas digitales de la mano que aumentan el área expuesta al medio, esta misma técnica de aumentar el área expuesta es empleada por la naturaleza con un ejemplo muy clásico las lagartijas que tienes en sus extremidades, una gran cantidad de pliegues que le ayudan a pegarse eléctricamente a los objetos más lisos.

En la cúpula de la bobina de Tesla tenemos un gran capacitor que en el diseño de Tesla tiene una enorme área expuesta comparada con una simple área toroidal de las bobinas que ordinaria o cotidianamente fabrican los seguidores de este inventor.

Es posible que los resultados obtenidos por las personas sean inferiores a los de Nikola Tesla debido precisamente a que no se ciñen al diseño original de esta patente.

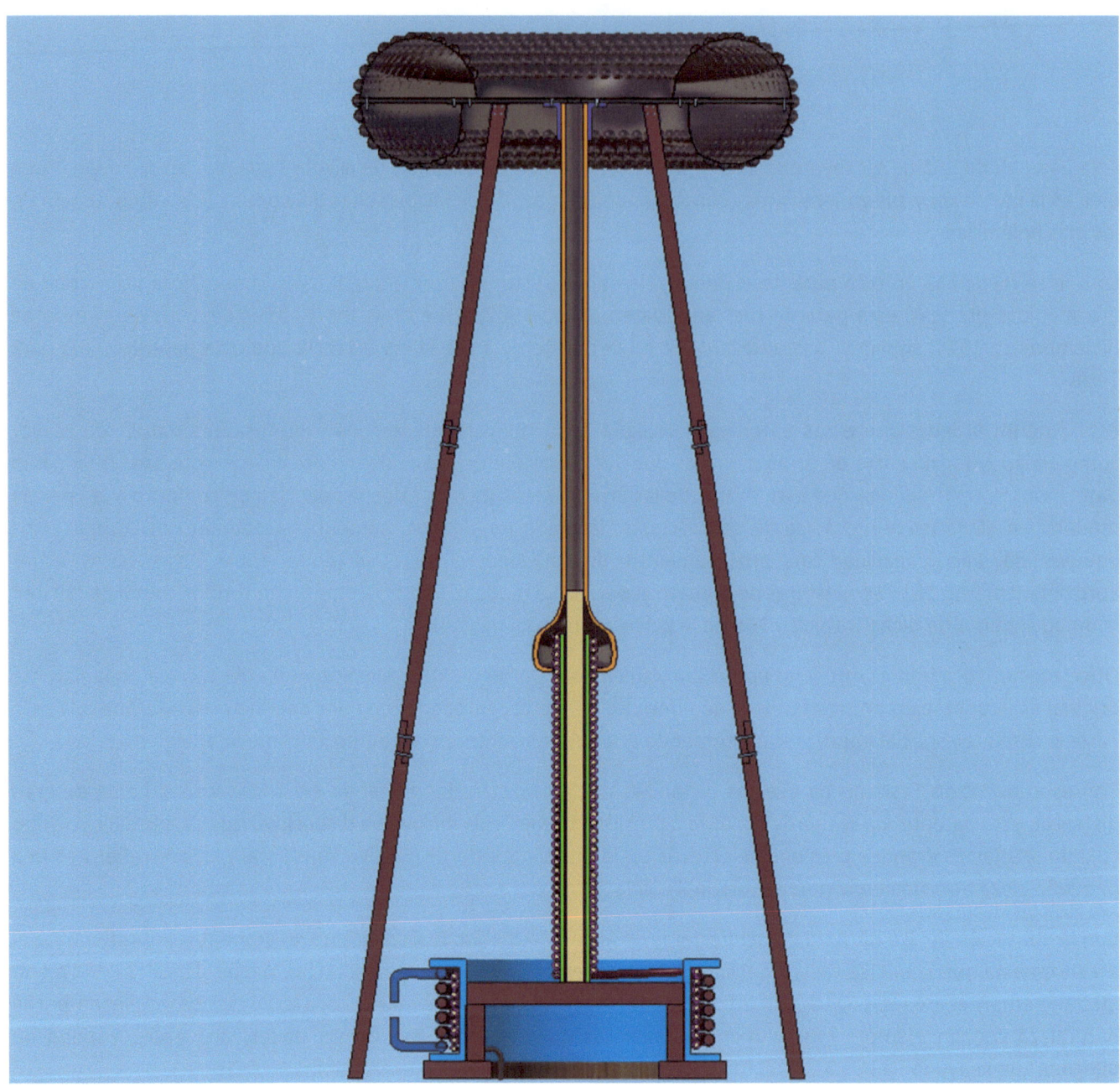

Ilustración 69 - Modelado 3D de la patente 1119732, esta imagen corresponde con el corte transversal mostrado en la patente original, se distingue en color azul oscuro el alambre de la bobina externa, un soporte para ese embobinado primario, luego en la parte centrar junto a las dos líneas verdes se muestran el embobinado secundario, que está dividido en dos partes formando círculos concéntricos, en la parte superior se puede apreciar un corte transversal del toroide que sostiene 1630 semiesferas metálicas que le dan a ese cúpula metálica una sobre saliente área total.

15.2 Imagen genuina de la patente 01119732 - Aparato para la transmisión de la energía
     Eléctrica (USPTO 1119732, 2015)

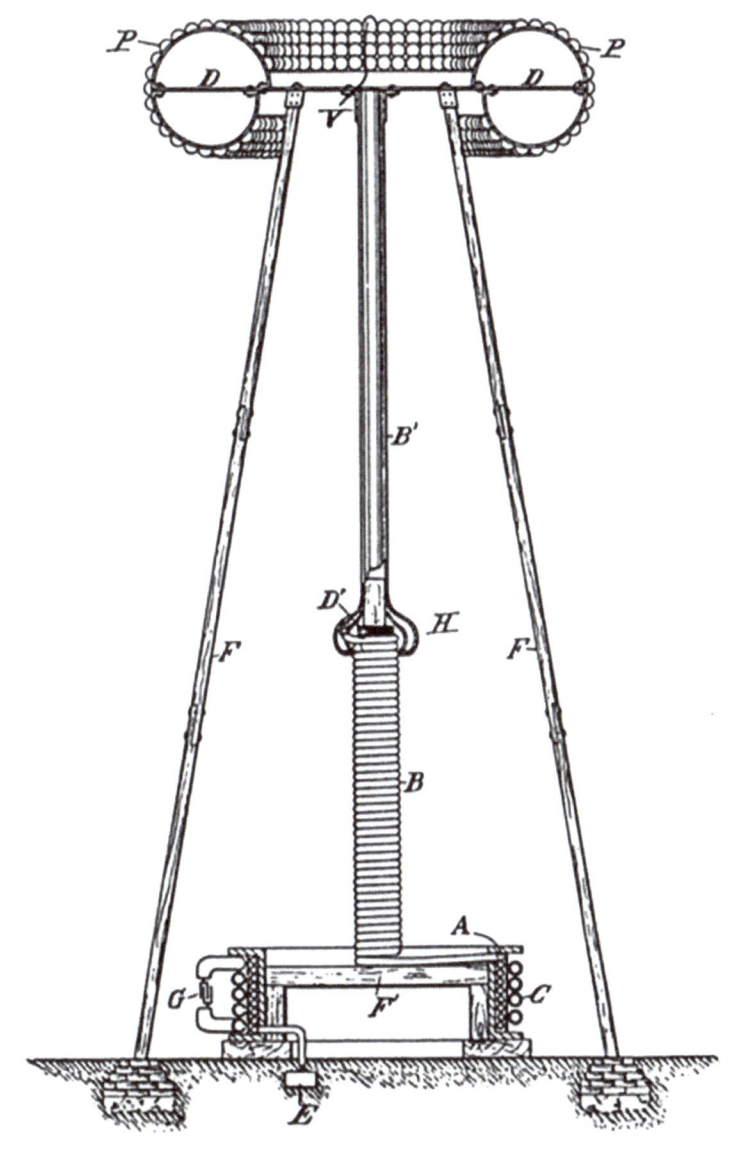

Ilustración 70 - Patente 1119732 original

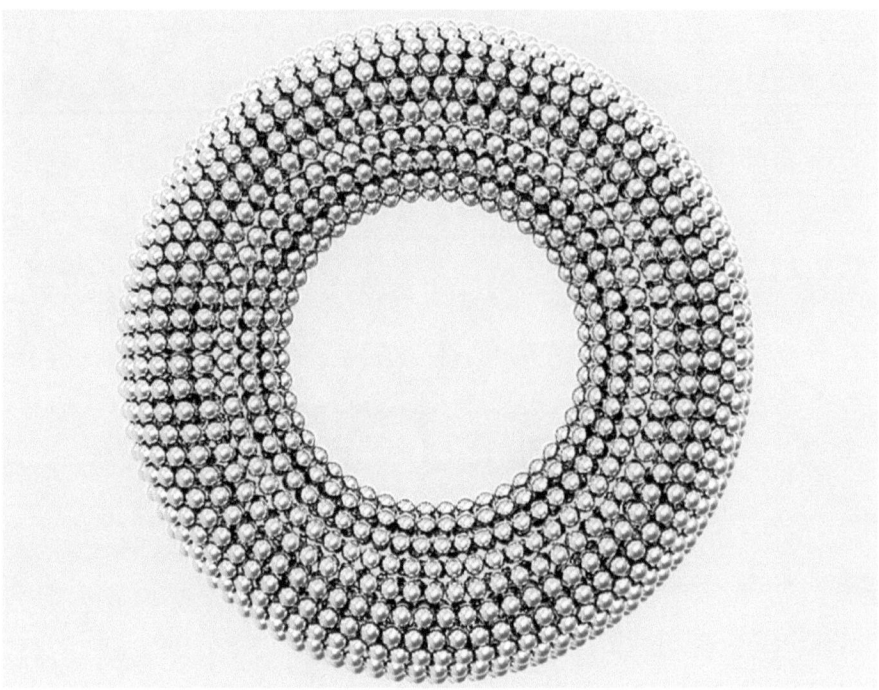

Ilustración 71 - Cúpula toroidal vista desde la parte superior, toda la cúpula está rodeada de aproximadamente 1891 semiesferas

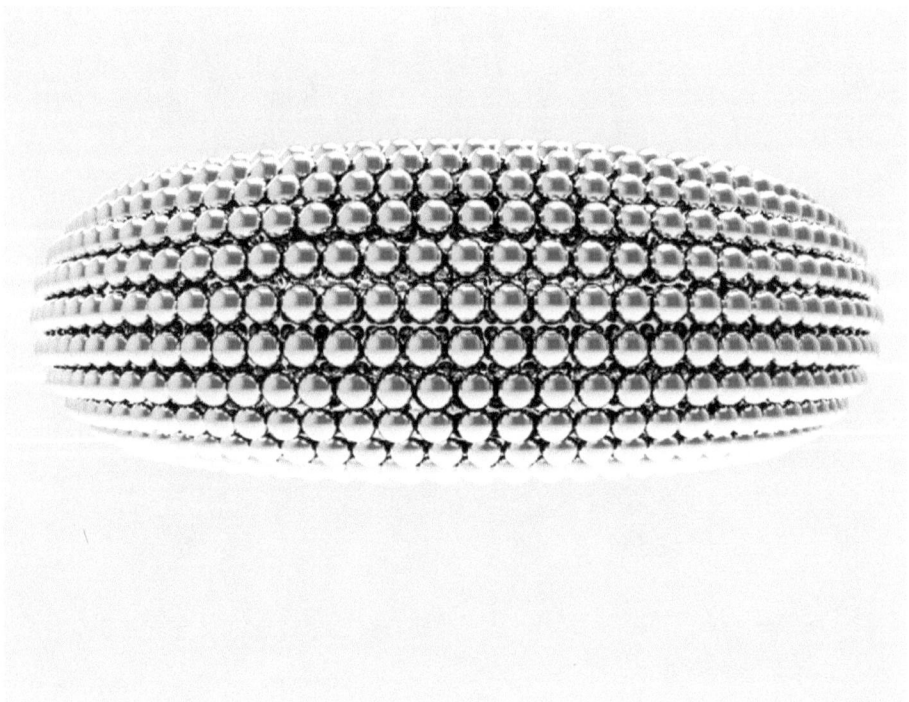

Ilustración 72 - Cúpula toroidal de la patente, este modelo 3D se ciñe con un alto grado de precisión a las proporciones mostradas en la patente

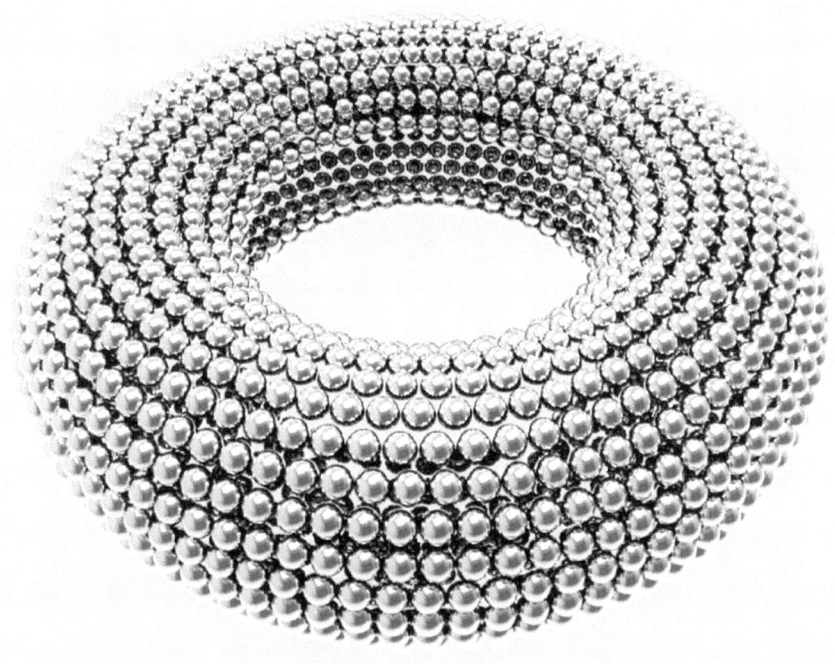

Ilustración 73 - Cúpula toroidal vista desde la parte superior en un ángulo de 45 grados con respecto al suelo

Ilustración 74 - Toroide de la cúpula de la bobina de Tesla que sigue el diseño original de Tesla

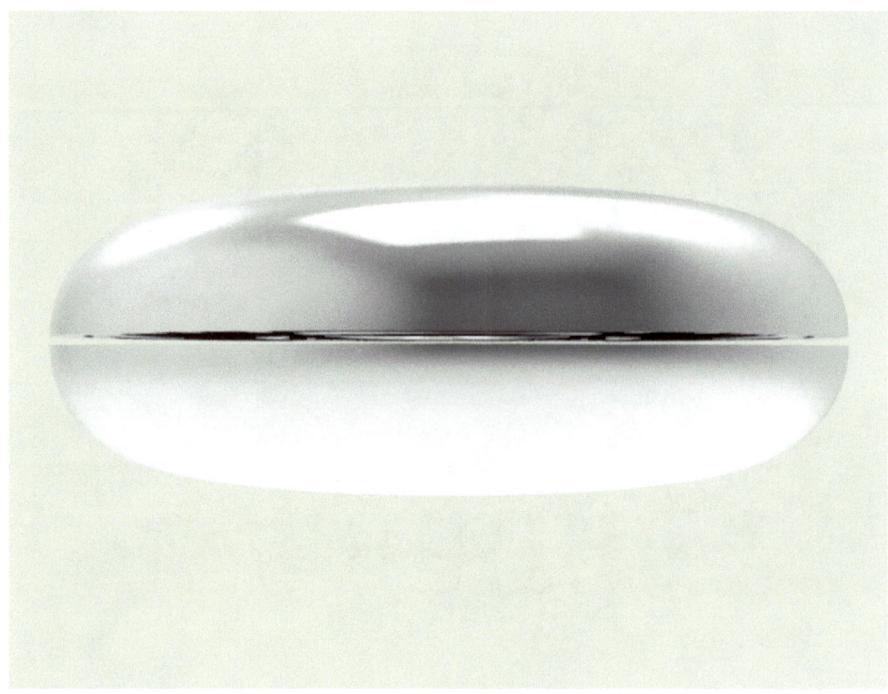

Ilustración 75 - Este es el toroide sobre el cual se fijan las miles de semiesferas ya mencionadas, se muestra una separación entre las dos mitades tal como en el diseño original de Tesla

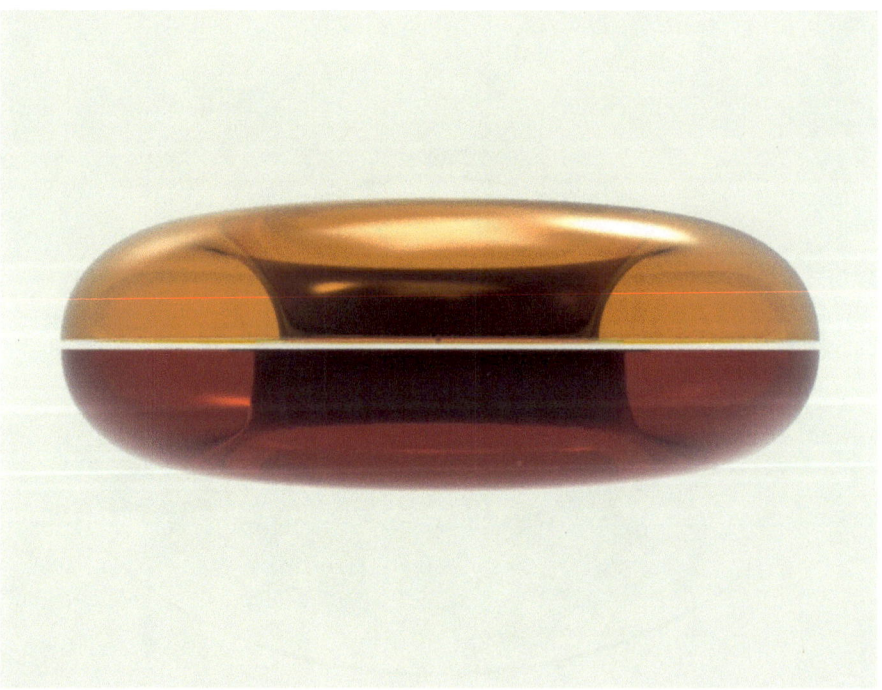

Ilustración 76 - Modelo 3D del toroide en la cúpula donde se aprecian mejor las dos mitades que le conforman

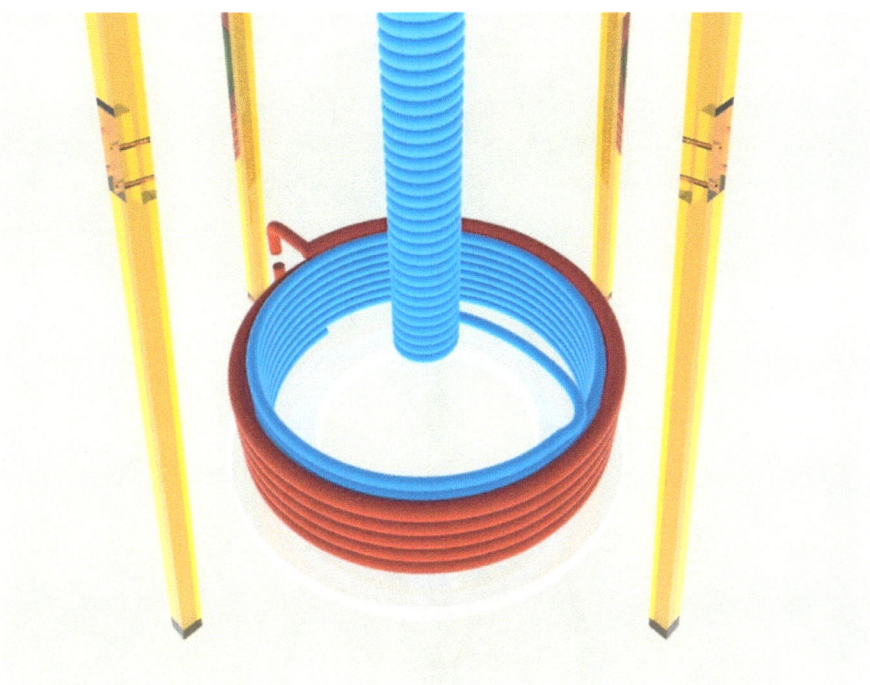

Ilustración 77 - Esta vista de este modelo, corresponde con la base de la bobina de Tesla, se destaca aquí las dos bobinas, con una de ellas (la azul) distribuida en dos secciones dando como resultado tres diámetros diferentes en las dos bobinas

Ilustración 78 - Así luciría este aparato transmisor en una zona desértica.

Ilustración 79 - Aparato transmisor de energía eléctrica y al fondo una imagen del planeta marte, planeta desde el cual Tesla afirmo haber recibido señales

16 Patente 1061206 - Turbina
16.1 Resumen

Esta es otra de las patentes más destacadas de Tesla, como siempre una invención de aparente sencillez que oculta asuntos más complejos. En esta patente se describe una máquina dentro de la cual circula un fluido que impulsa unos discos giratorios a su paso, trabaja bajo el principio de la capa límite formada en el contacto entre fluidos y sólidos.

Esta turbina puede trabajar a baja y alta velocidad de operación, el fluido circula entre los discos unidos por un solo eje, y su extraordinaria sencillez le permite hacer su fabricación muy económica, la turbina propuesta en esta patente no utiliza pistones, paletas, alabes o palas las cuales agregarían deficiencia dentro de esta máquina.

La rotación de los discos es reversible, dentro de la máquina el fluido se mueve e imparten su energía a los discos por su acción de arrastre y viscosidad, El fluido dentro de esta máquina se mueve cambiando su dirección gradualmente y en espiral, esto evita la pérdida de energía ocasionada por variaciones bruscas.

Tesla en esa patente afirmó que la eficiencia de esta máquina aumenta con el tamaño de la máquina y con la velocidad del fluido.

En el modelo de esta patente el fluido sale por debajo donde se encuentra la boquilla de salida y además también afirma que es posible construir Turbina varias entradas para un funcionamiento superior,

Nikola Tesla resume las características más destacadas de esta invención como una máquina simple, ligera, compacta, con poco desgaste barata, y excepcionalmente fácil de fabricar, sin válvulas ni contactos deslizantes.

Ilustración 80 - Modelo 3D de la patente 1061206, sobre uno de sus ejes verticales el modelo es simétrico, y la cara frontal mostrada aquí bien podría ser la cara posterior y viceversa

16.2 Imagen genuina de la patente 1061206 - Turbina

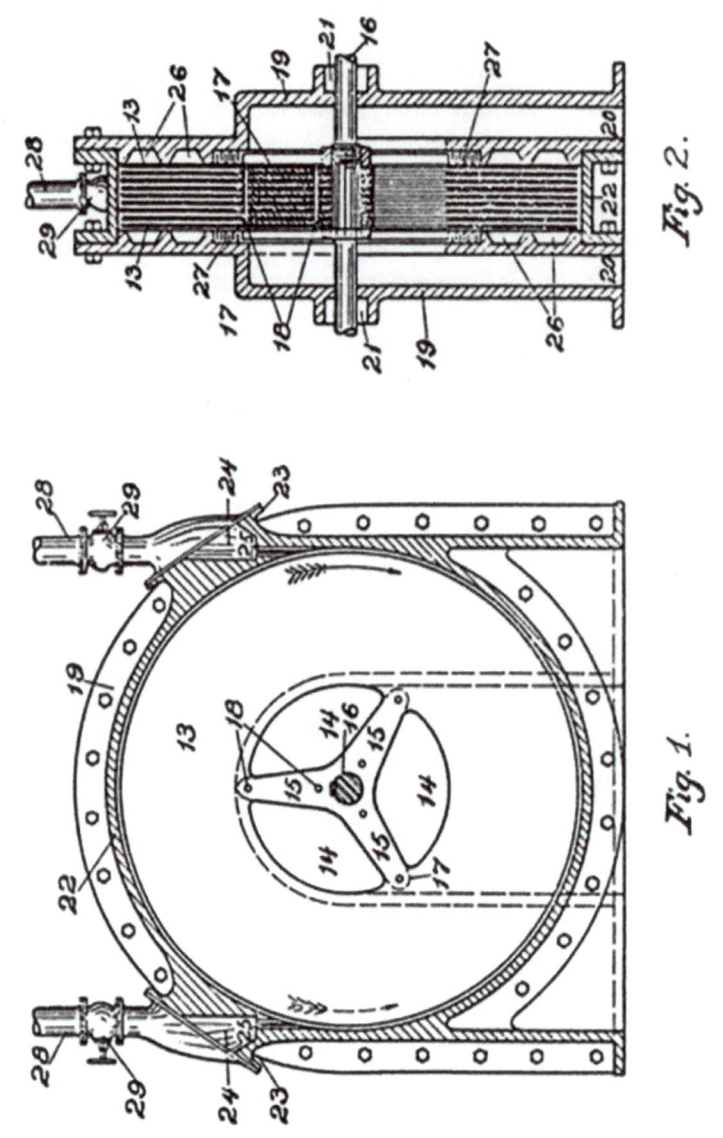

Ilustración 81 - Imagen original de la patente 1061206 Turbina

Ilustración 82 - Parte frontal (o posterior) de la turbina, las caras son simétricas

Ilustración 82 - Turbina, con una de las tapas removidas en la que se puede visualizar la disposición de los discos metálicos que provocan el movimiento en el eje central

Ilustración 83 - Turbina con armazón plástico

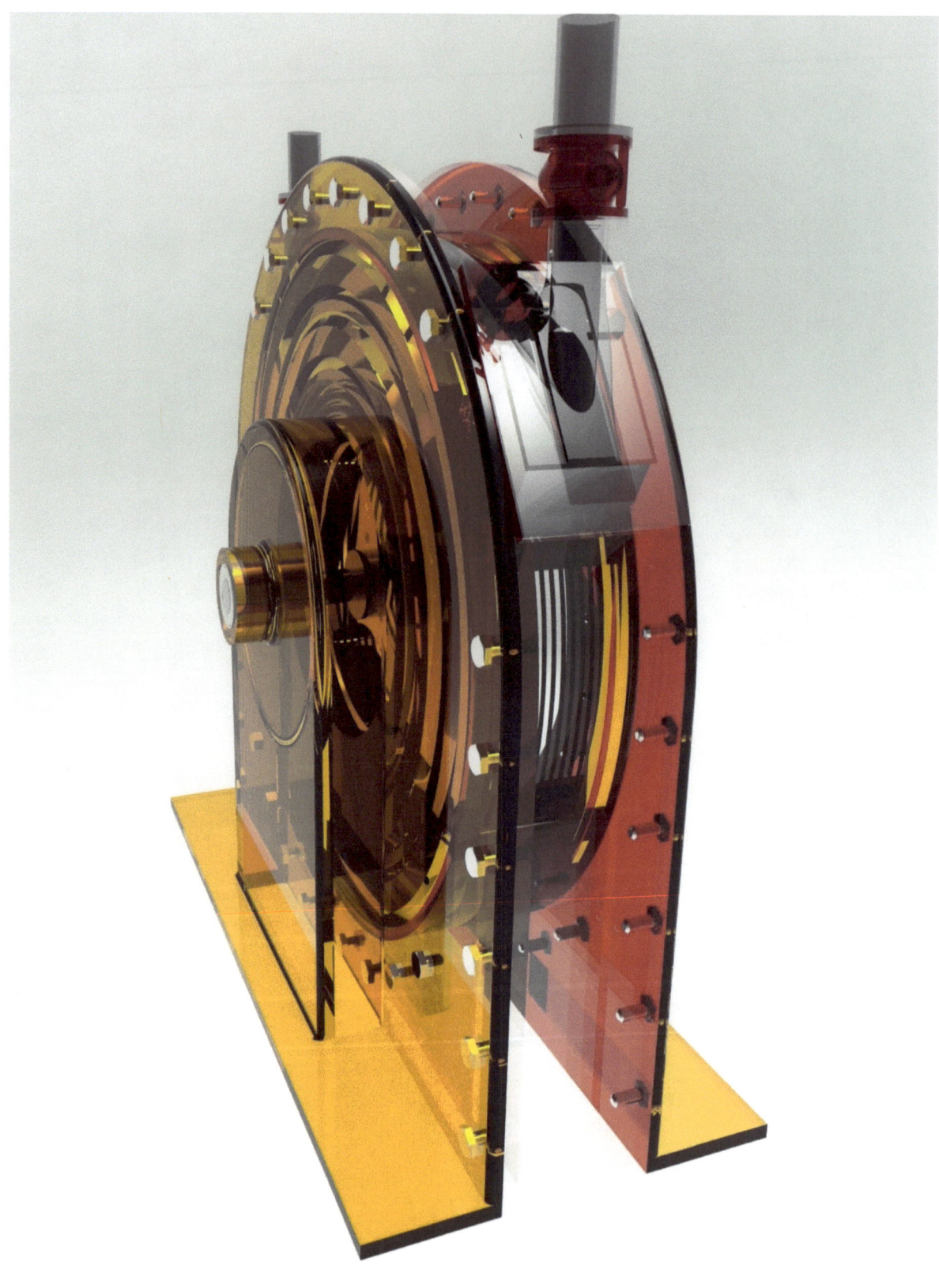

Ilustración 84 - Turbina con armazón de plástico, dentro se visualiza el eje y los discos rotatorios

Ilustración 85 - Discos de la turbina en plástico, en color naranja -café, en rojo se distinguen los separadores entre los discos, en color gris metálico los ejes y las tres varillas de ajuste de los discos

Ilustración 86 - Discos de la turbina y eje

Ilustración 87 - Otra vista de los ejes de la turbina

Ilustración 88 - Cilindros giratorios de la turbina en plástico

Ilustración 89 - Los dos discos externos tienen unas pestañas que sobre salen el fluido pasa de una forma especial en este punto

17 Patente 1113716 – Fuente

17.1 Resumen

Una de las facetas menos conocidas de Tesla, viene a conocerse con esta patente, donde mezcla la tecnología y el arte para conseguir al mismo tiempo una obra artística y funcional, el diseño de esta fuente puede verse en varias partes del mundo, las fuentes existían desde hace siglos pero las del tipo que invento Tesla, quien más que el inventor del motor de corriente alterna para desarrollar una fuente de agua movida por electricidad, hay varias referencias históricas las (Nikola Tesla's Fountain, 1914) aunque la verdad de ellas conocía muy poco, fue una grata sorpresa encontrar esta creación de Tesla.

La fuente diseñada descrita en la patente hace recircular el agua, con un potente chorro que es movido por una hélice propulsada, en el eje de la máquina, en esta patente Tesla mostró dos modelos, y propuso diversos materiales para ofrecer características artísticas, y además como sugerencia llego a proponer luces en su interior, en el modelos 3D mostrado la fuente está apagada. Por ello no mostramos el agua corriendo. Adicionalmente a la parte estética tesla escribió que la recirculación del agua evitaba que los insectos proliferarán y que la cascada circular en ella generada servía también como una efectiva trampa para insectos.

Ilustración 90 - modelo 3D de la fuente de Nikola Tesla patente 1113716

17.2 Imágenes de la patente 1113716 – Fuente

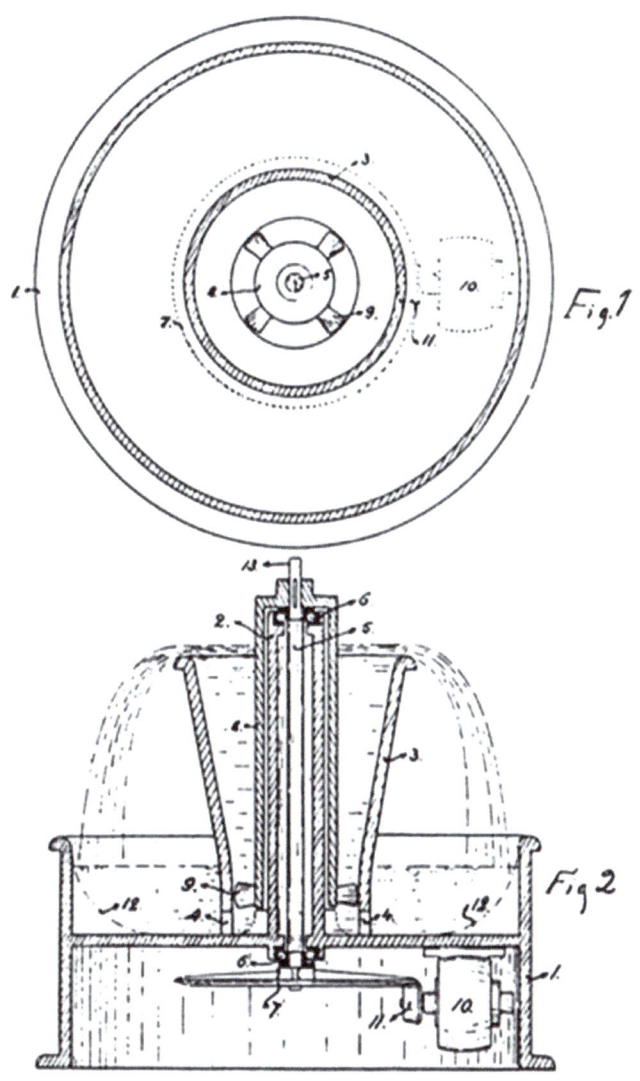

Ilustración 91 - Imagen original de la patente 1113716. El modelo de esta figura es el representado en este libro

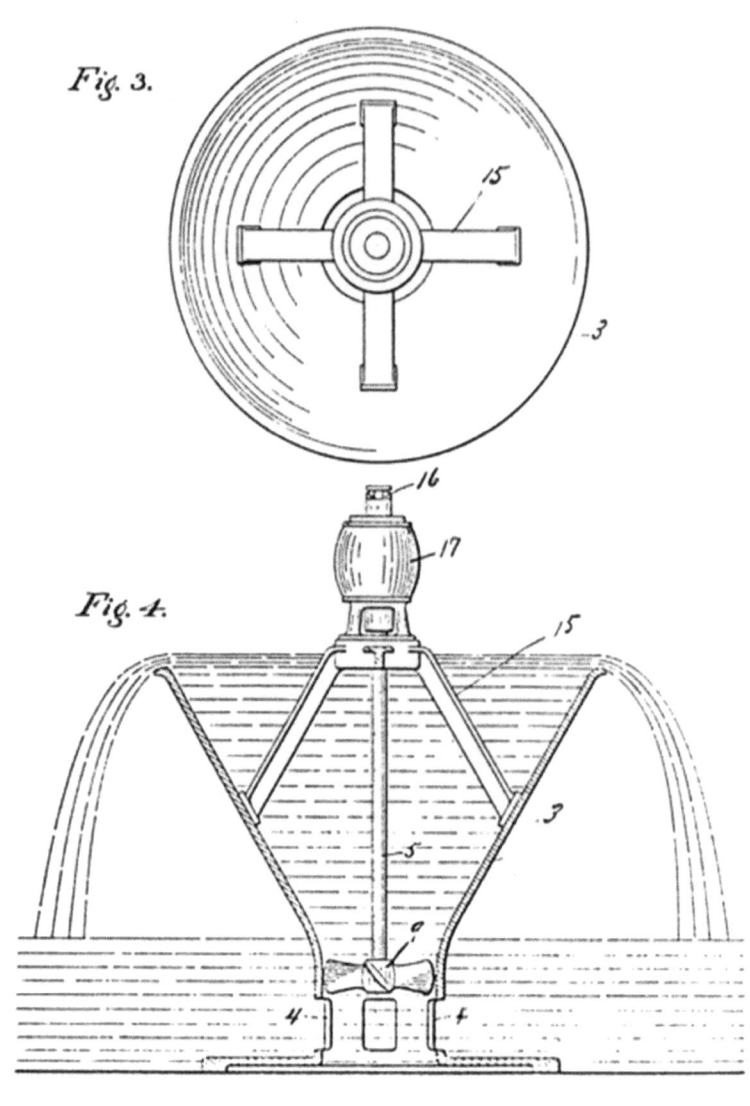

Ilustración 92 - Imagen original patente 1113716, hoja 2

18 Patente 1209359 Velocímetro

18.1 Resumen

Con esta invención Tesla sorprende nuevamente con la aplicación del principio de arrastre de los fluidos hacia los cuerpos sólidos, se representa aquí un aparato de medición que consta de varios cilindros concéntricos, dentro de los cuales solo circula aire, y es el aire el que impele el movimiento sobre otro cilindro próximo a él, es un aparato de medición totalmente mecánico, el funcionamiento del aparato se puede resumir en una teoría, la teoría de la capa limite, el aparato por Tesla reseñado tiene una punta que se apoya sobre un eje al cual se tomaran las mediciones, dicho eje está conectado con un cilindro con una amplia superficie, esta amplia superficie está en contacto con el aire que es arrastrado por dicho cilindro a su vez de esta forma dicho aire y por la misma razón arrastra en un giro otro cilindro concéntrico al anterior que le envuelve, y es el segundo cilindro nombrado el que tiene los indicadores de velocidad, el último cilindro nombrado esta de igual forma conectado a un resorte que tiende a devolver el cilindro a su posición original.

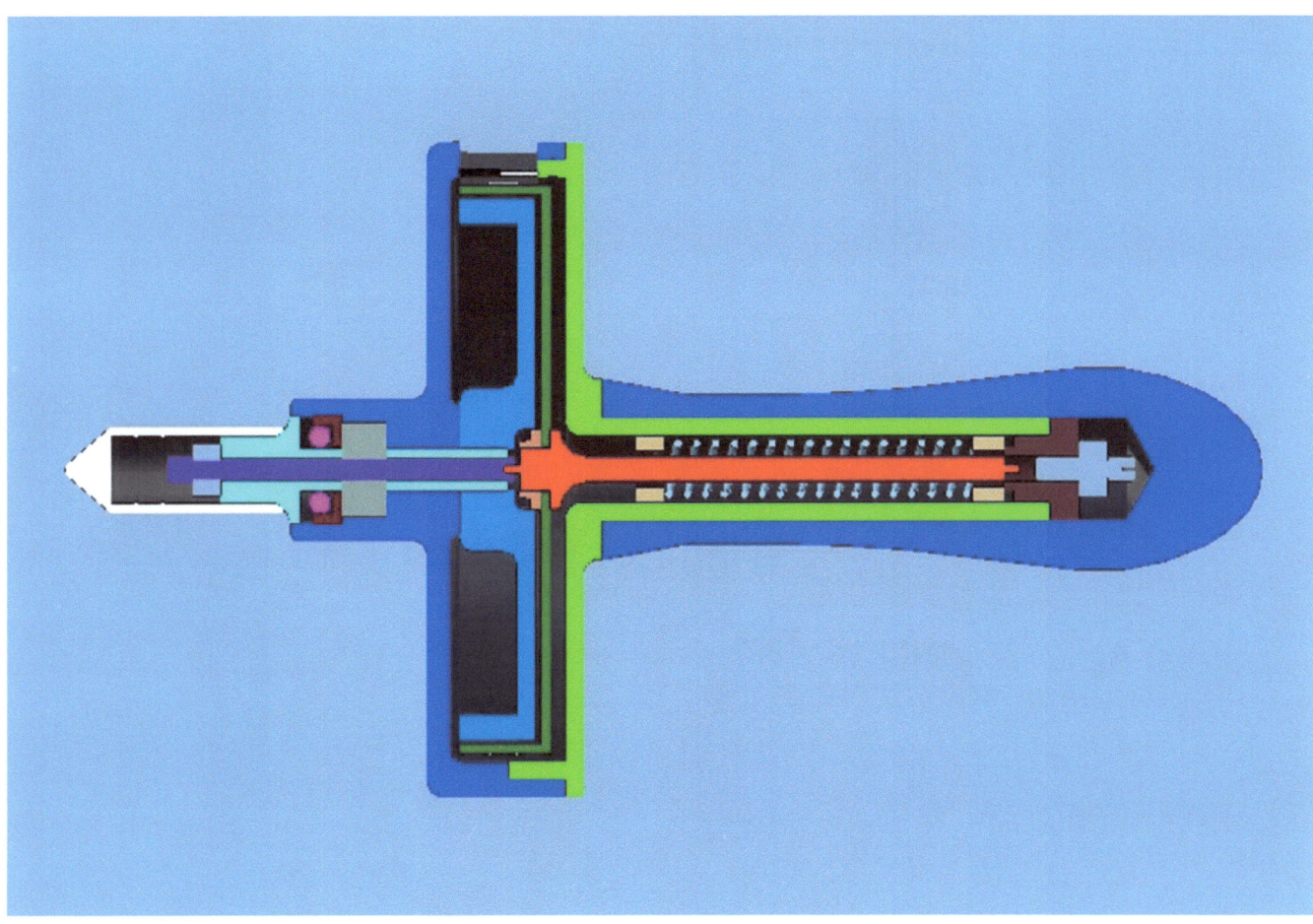

Ilustración 93 - Indicador de velocidad, en este corte transversal del modelo de la patente podemos apreciar en color violeta el eje desde el cual se transfiere el par de torsión al cilindro en color azul claro de la parte interior del instrumento, en el mismo punto central y muy cerca dl ya mencionado cilindro de color azul está representado por su corte en color verde oscuro el cilindro que es arrastrado por el aire entre situado entre los dos cilindro verde y azul, el cilindro verde tiene una tendencia a volver a su punto de origen debido al resorte que rodea el eje en color rojo.

18.2 Imagen genuina de la patente 1209359 Velocímetro

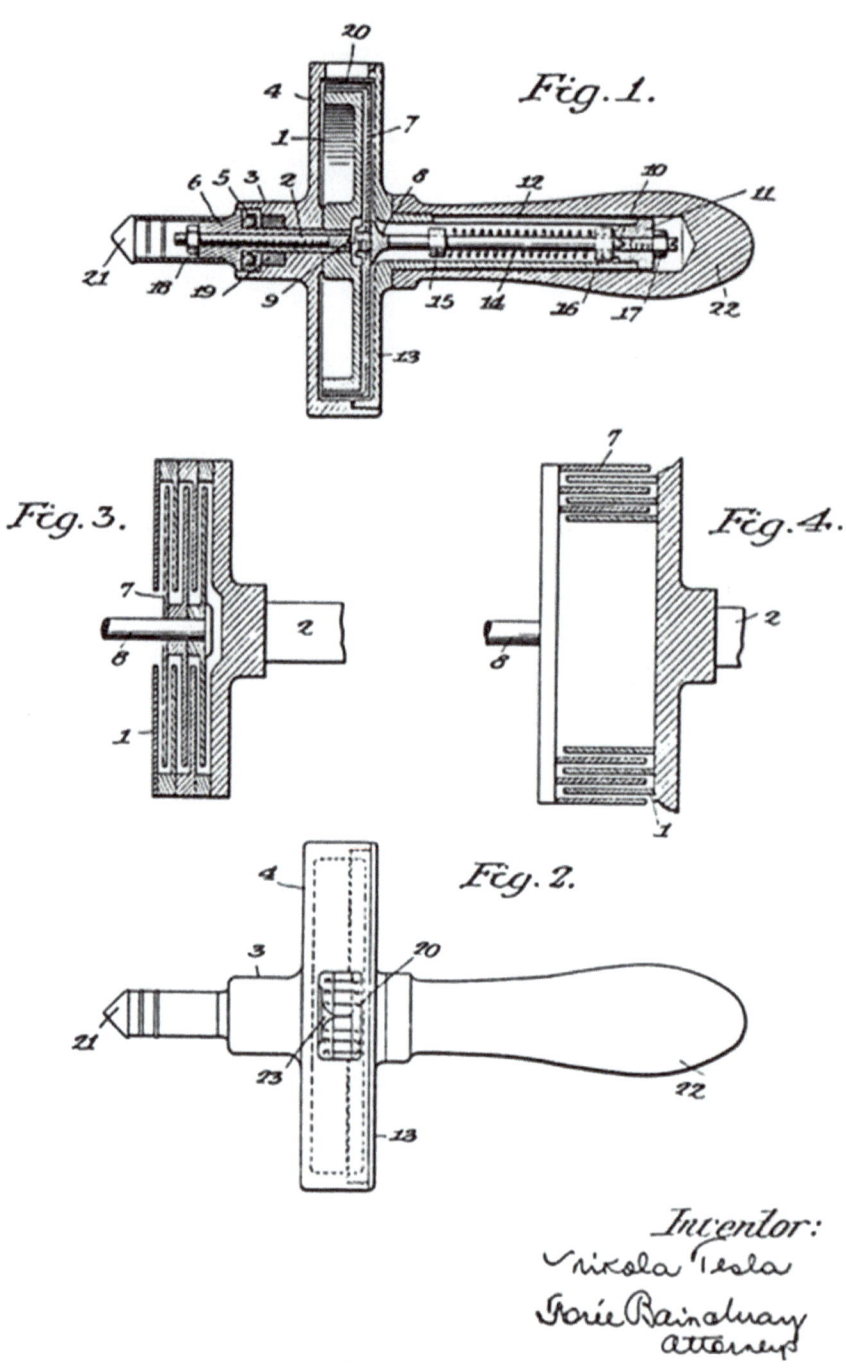

Ilustración 94- imagen original de la patente 1209359 indicador de velocidad

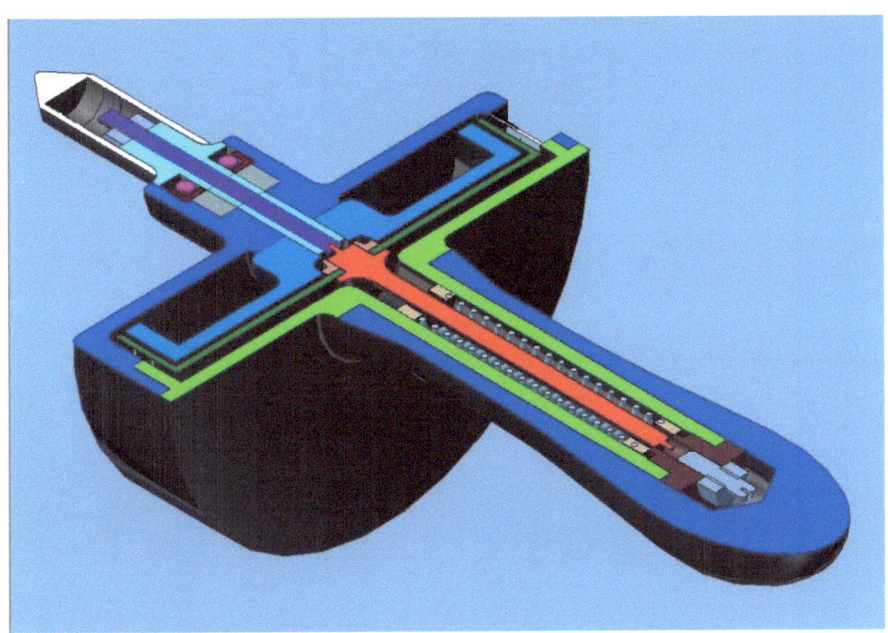

Ilustración 95 - Corte transversal del modelo de la patente 1209359, se destaca la punta de medición en color blanco, los cilindros de color azul oscuro y verde oscuro que trabajan en conjunto por el aire que entre ellos se mueve

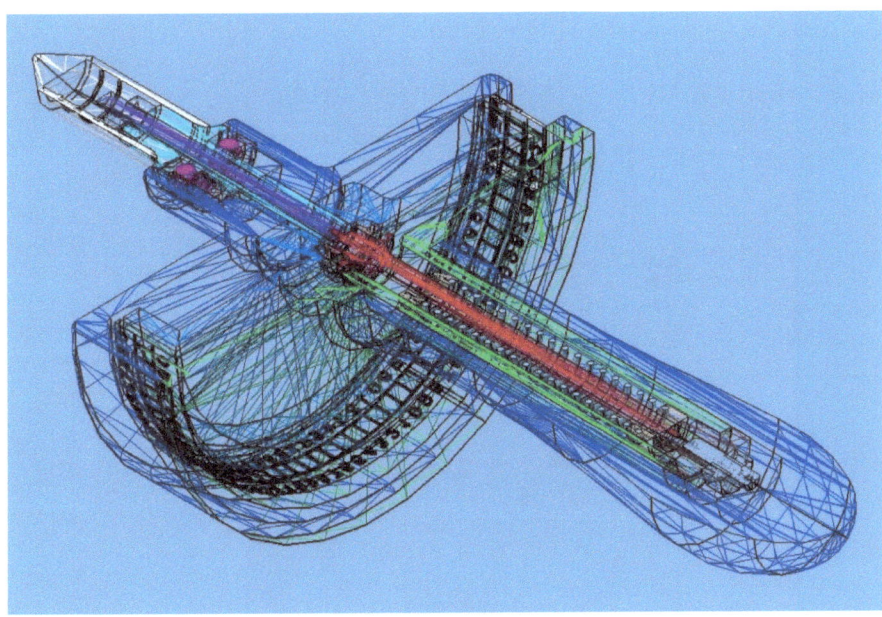

Ilustración 96 - Corte transversal del indicador de velocidad, se aprecia la disposición de los números indicadores

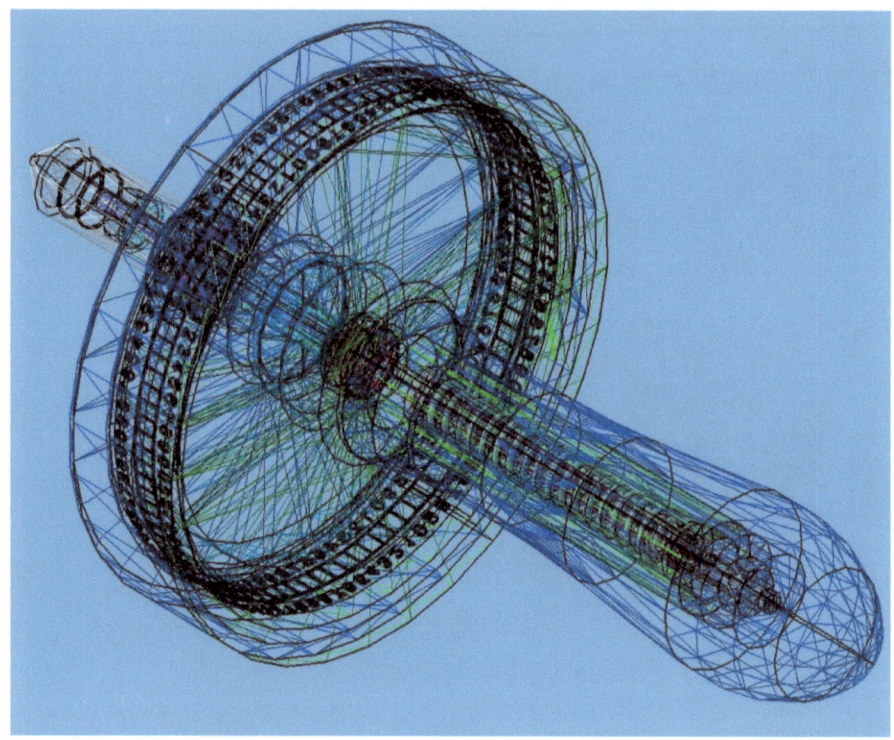

Ilustración 97 - Indicador de velocidad, en su interior se visualiza claramente el resorte que retorna a su punto inicial al cilindro indicador de velocidad

Ilustración 98 - patente 1209359 - Armazón de plástico

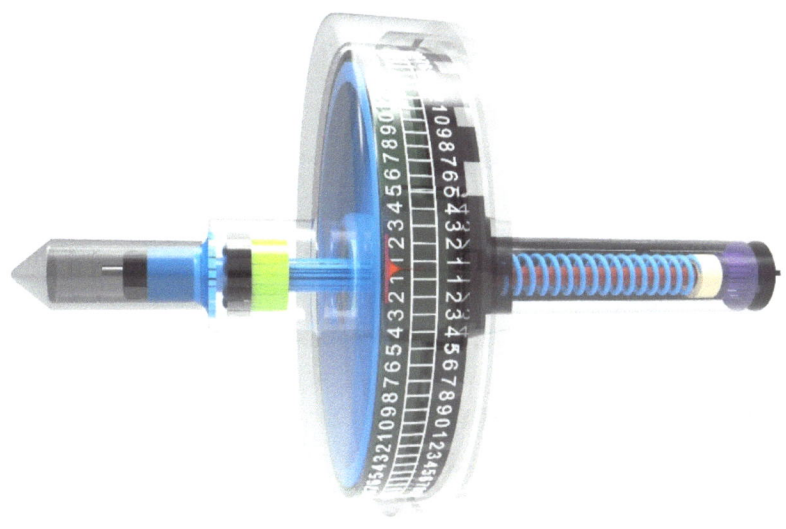

Ilustración 99 - Indicador de velocidad cubierta transparente

Ilustración 100 - Modelo realístico del indicador de velocidad se aprecia claramente los números y el indicador en color rojo, el instrumento se tomaba por el mango de color negro, apoyando la punta blanca en el eje a medir

19 Patente 1274816 – Velocímetro

19.1 Resumen

Esta patente trata de un dispositivo para medir bajas altas velocidades, utiliza también el arrastre de los fluidos, sin embargo en esta patente Tesla cambia el fluido de arrastre de aire a mercurio, debido a que trabaja bien a baja velocidad, a pesar de que la viscosidad del liquidad disminuye con el aumento de la velocidad, este desventaja es compensada con el aumento del volumen provocado por el aumento de la temperatura.

El instrumento de medición descrito en la patente responde de forma lineal con el aumento de la velocidad y no de forma exponencial como los velocímetros con otros métodos, Tesla en esta patente y como dato adicional sobresaliente expone mediciones en las que muestra la respuesta del velocímetro. Además indica que el instrumento es confiable en la medición, resistente a las vibraciones, barato, de relativa facilidad para su fabricación, y no responde a los campos magnéticos. En conclusión un gran instrumento de medición, podemos comparar su funcionamiento con lo descrito en la patente 1209359, y diferenciándolo de este último al señalar que este tiene más partes móviles y el que el fluido de arrastre es mercurio en vez aire.

Ilustración 101 - Modelo realístico del indicador de velocidad de la patente 1209359, una imagen vale más que mil palabras

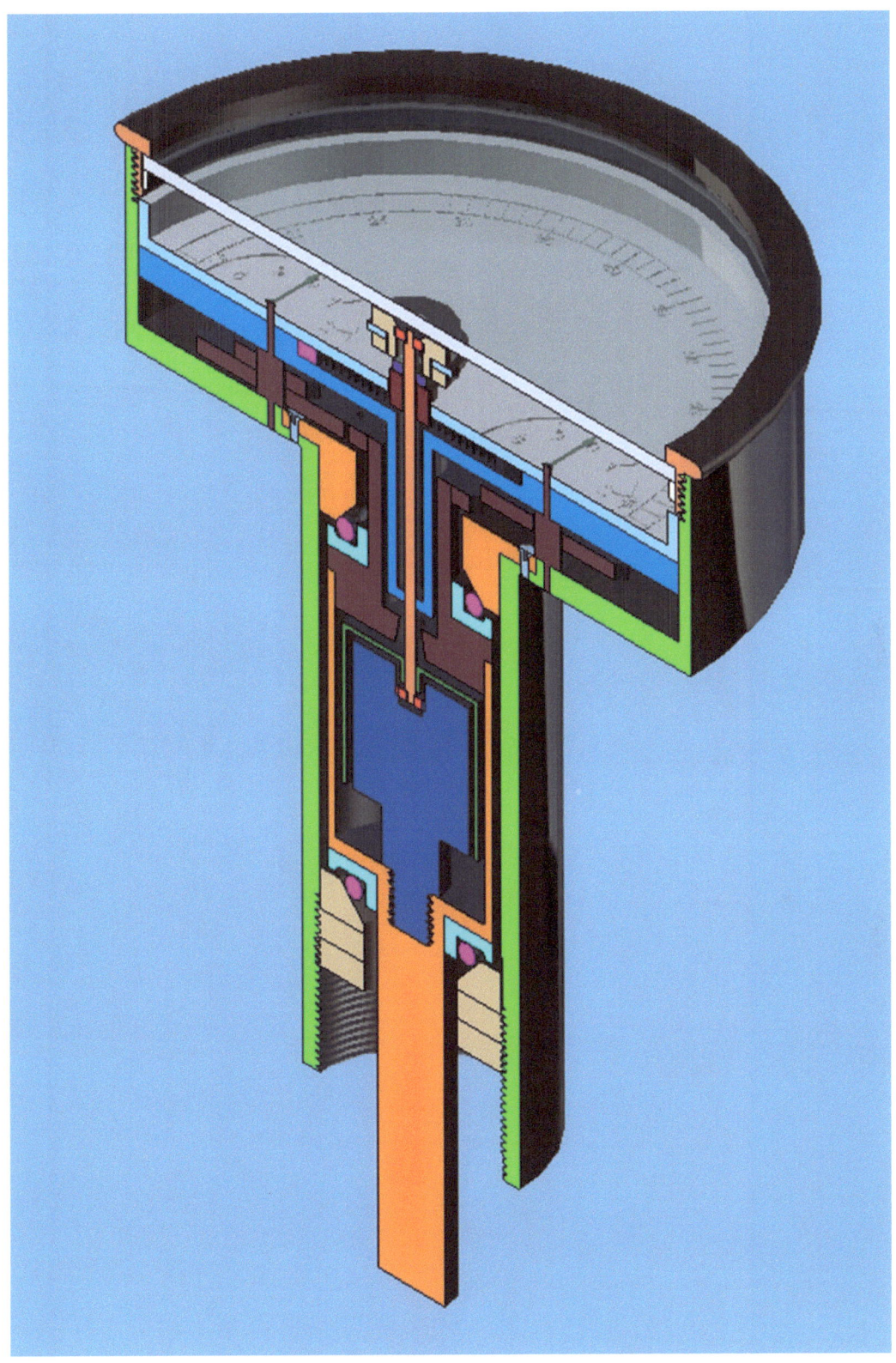

Ilustración 102 - Vista transversal del indicador de velocidad, en la que podemos destacar el eje central en azul oscuro que trasmite el par de torsión al cilindro de color verde oscuro cuyo corte transversal se aprecia en el interior el centro del instrumento

Ilustración 103 - Indicador de velocidad acabado plástico

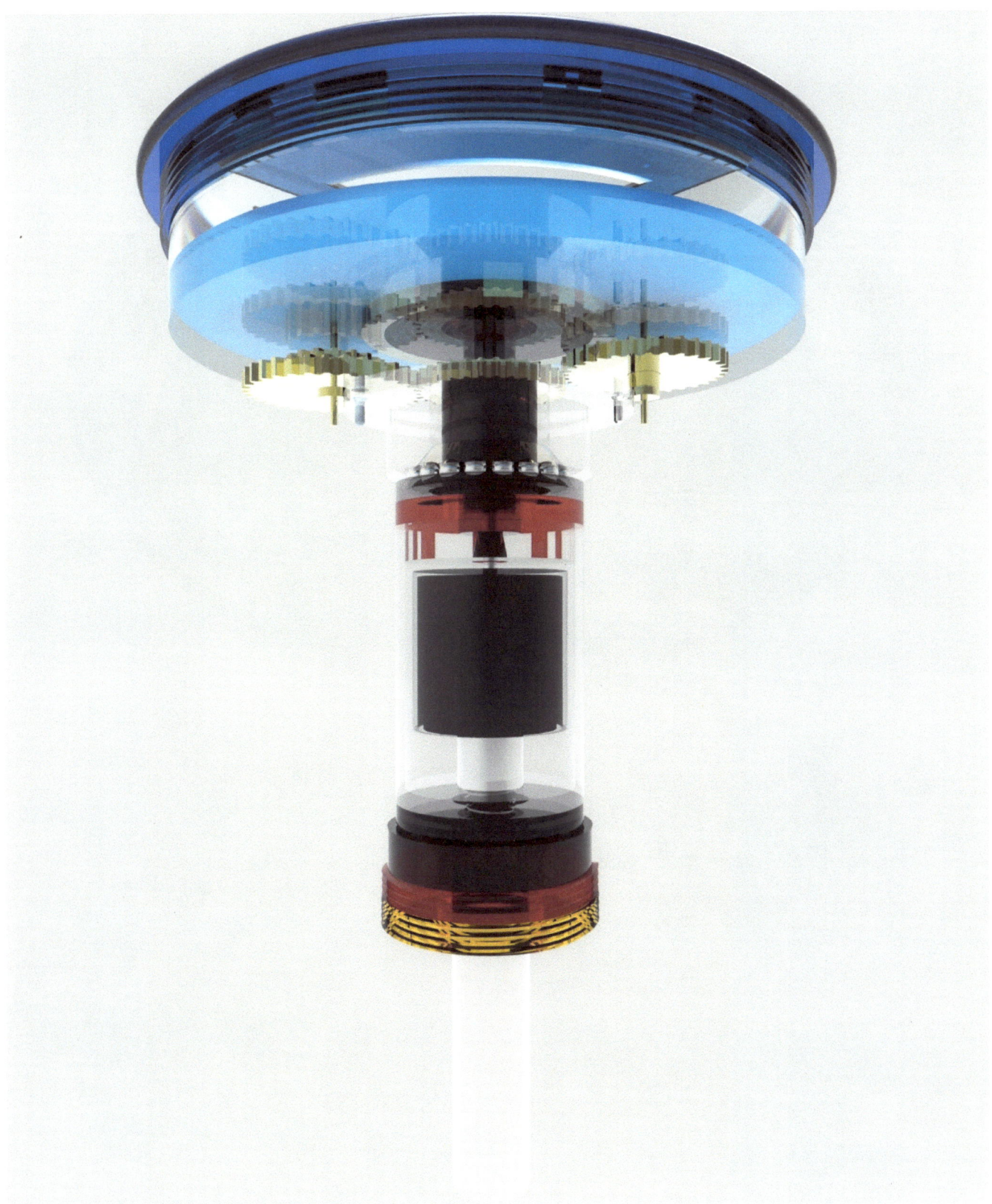

Ilustración 104 - Indicador de velocidad en acabado plástico, se removió la carcasa externa de este instrumento

Ilustración 105 - Indicador de velocidad 1274816, acabado en plástico de la parte frontal indicadora del instrumento

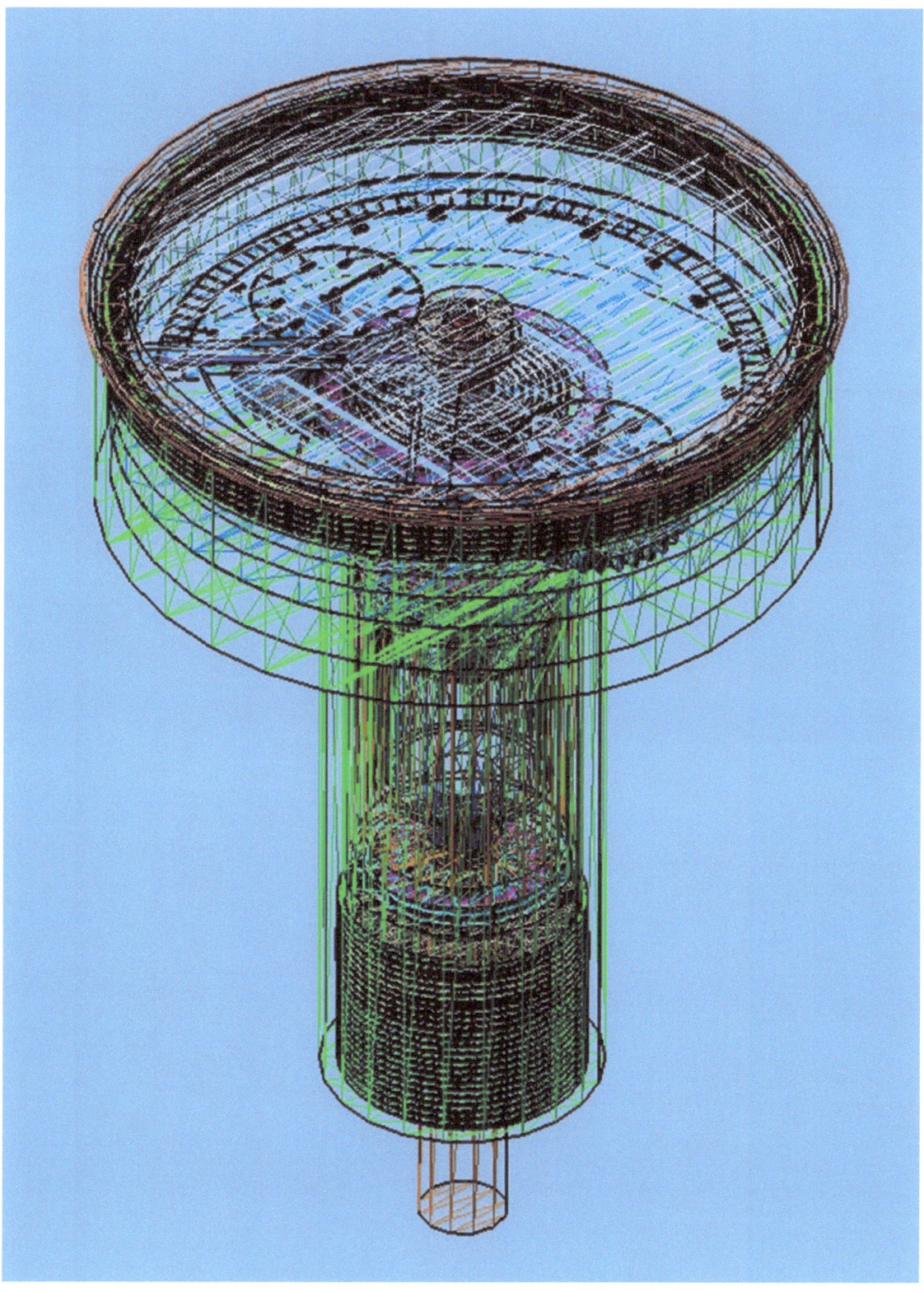

Ilustración 106 - Velocímetro de la patente mostrado con secciones triangulares

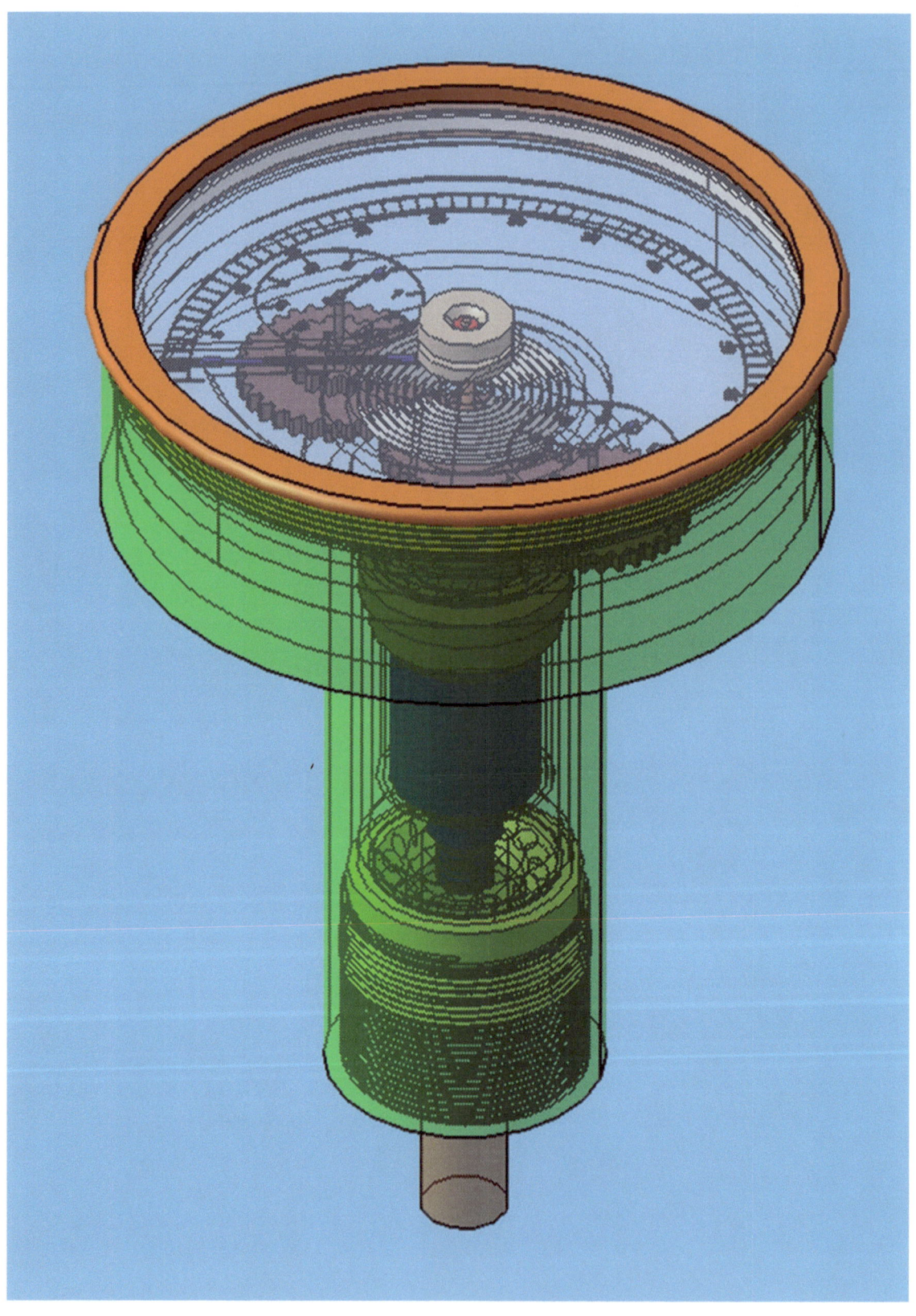

Ilustración 107 - Velocímetro y sus engranajes en el interior

19.2 Imagen genuina de la patente 1274816 – Velocímetro

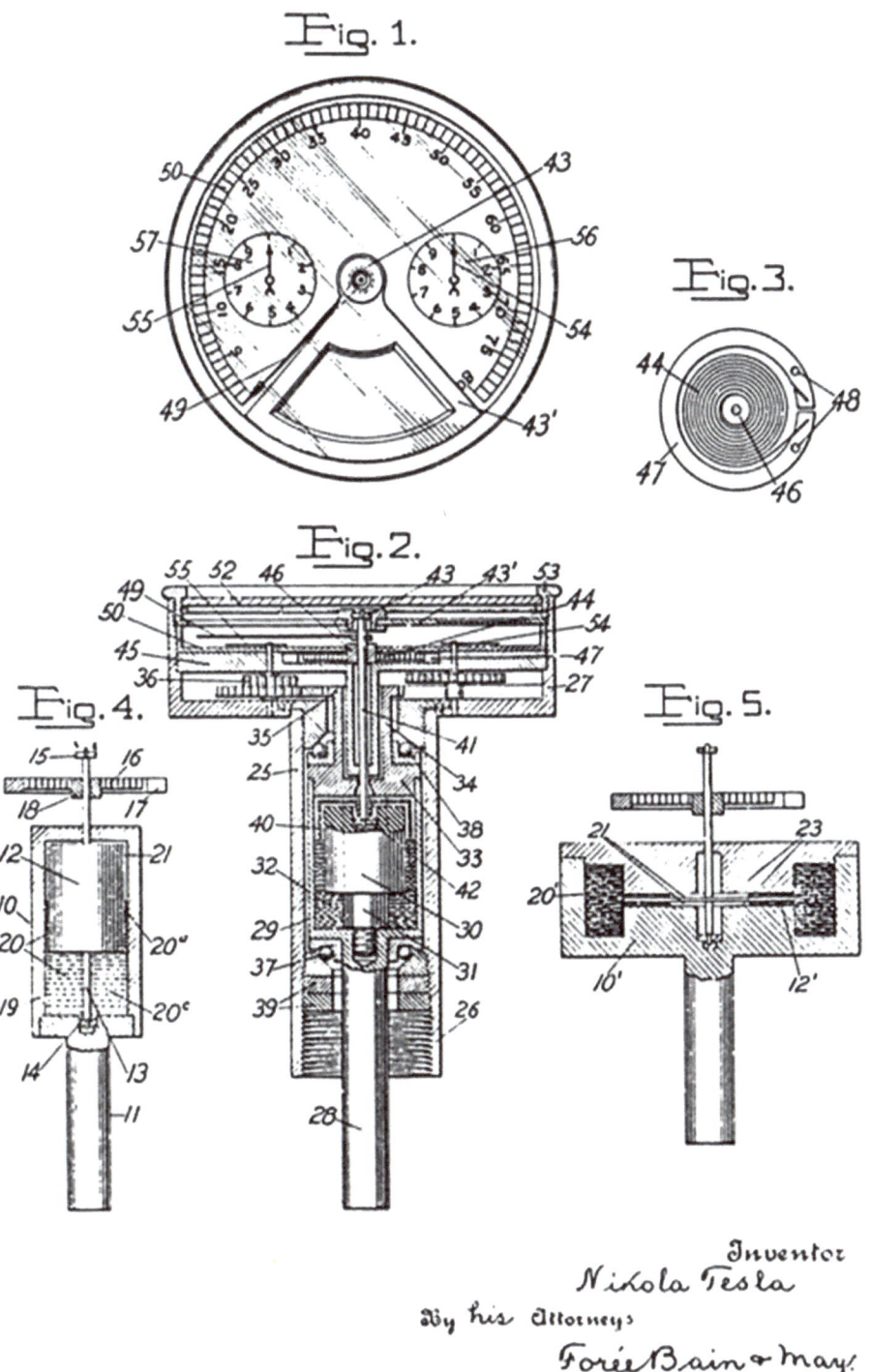

Ilustración 108 - Imagen original de la patente 1274816

20 Referencias

Nikola Tesla's Fountain. (1914, 2 13). *Scientific American*, 162.

The Tesla Lecture in St. Louis. (8 de 3 de 1893). *The Electrical Engineer*, 248-249.

The Tesla Lecture in St. Louis. (8 de 3 de 1893). *The Electrical Engineer*, 248-249.

USPTO 1119732. (25 de 9 de 2015). *2015*. Recuperado el 25 de 9 de 2015, de 2015:
http://pdfpiw.uspto.gov/.piw?PageNum=0&docid=01119732&IDKey=6F87A1F29E16%0D%0A&HomeUrl=
http%3A%2F%2Fpatft.uspto.gov%2Fnetahtml%2FPTO%2Fpatimg.htm

USPTO 334823. (23 de 9 de 2015). *www.uspto.gov*. Recuperado el 23 de 9 de 2015, de www.uspto.gov:
http://pdfpiw.uspto.gov/.piw?PageNum=0&docid=00334823&IDKey=A3E265C2FF2E%0D%0A&HomeUrl=
http%3A%2F%2Fpatft.uspto.gov%2Fnetahtml%2FPTO%2Fpatimg.htm

USPTO 335786. (2015, 9 22). *www.uspto.gov*. Retrieved 9 22, 2015, from www.uspto.gov:
http://pdfpiw.uspto.gov/.piw?PageNum=0&docid=00335786&IDKey=FB38B45497AB%0D%0A&HomeUrl=
http%3A%2F%2Fpatft.uspto.gov%2Fnetahtml%2FPTO%2Fpatimg.htm

USPTO 350954. (23 de 9 de 2015). *http://www.uspto.gov/*. Recuperado el 23 de 9 de 2015, de
http://www.uspto.gov/:
http://pdfpiw.uspto.gov/.piw?Docid=350954&idkey=NONE&homeurl=http%3A%252F%252Fpatft.uspto.g
ov%252Fnetahtml%252FPTO%252Fpatimg.htm

USPTO 381968. (25 de 9 de 2015). *www.uspto.gov*. Obtenido de www.uspto.gov:
http://pdfpiw.uspto.gov/.piw?PageNum=0&docid=00381968&IDKey=F36A49F493C4%0D%0A&HomeUrl=
http%3A%2F%2Fpatft.uspto.gov%2Fnetahtml%2FPTO%2Fpatimg.htm

USPTO 406968. (23 de 9 de 2015). *www.uspto.gov*. Recuperado el 23 de 9 de 2015, de www.uspto.gov:
http://pdfpiw.uspto.gov/.piw?PageNum=0&docid=00406968&IDKey=0D62F1F85FD1%0D%0A&HomeUrl=
http%3A%2F%2Fpatft.uspto.gov%2Fnetahtml%2FPTO%2Fpatimg.htm

USPTO 455069. (23 de 9 de 2015). *http://www.uspto.gov/*. Recuperado el 23 de 9 de 2015, de
http://www.uspto.gov/:
http://pdfpiw.uspto.gov/.piw?Docid=455069&idkey=NONE&homeurl=http%3A%252F%252Fpatft.uspto.g
ov%252Fnetahtml%252FPTO%252Fpatimg.htm

USPTO 512340. (23 de 9 de 2015). *www.upsto.gov*. Recuperado el 23 de 9 de 2015, de www.upsto.gov:
http://pdfpiw.uspto.gov/.piw?PageNum=0&docid=00512340&IDKey=19EFD4C9029F%0D%0A&HomeUrl=
http%3A%2F%2Fpatft.uspto.gov%2Fnetahtml%2FPTO%2Fpatimg.htm

USPTO 514169. (23 de 9 de 2015). *www.uspto.gov*. Recuperado el 23 de 9 de 2015, de www.uspto.gov:
http://pdfpiw.uspto.gov/.piw?PageNum=0&docid=00514169&IDKey=50FF40305995%0D%0A&HomeUrl=h
ttp%3A%2F%2Fpatft.uspto.gov%2Fnetahtml%2FPTO%2Fpatimg.htm

USPTO 567818. (23 de 9 de 2015). *www.uspto.gov*. Recuperado el 23 de 9 de 2015, de www.uspto.gov:
http://pdfpiw.uspto.gov/.piw?Docid=567818&idkey=NONE&homeurl=http%3A%252F%252Fpatft.uspto.g
ov%252Fnetahtml%252FPTO%252Fpatimg.htm

USPTO 685012. (23 de 9 de 2015). *www.uspto.gov*. Recuperado el 23 de 9 de 2015, de www.uspto.gov: http://pdfpiw.uspto.gov/.piw?Docid=685012&idkey=NONE&homeurl=http%3A%252F%252Fpatft.uspto.g ov%252Fnetahtml%252FPTO%252Fpatimg.htm

Zapata, M. O. (25 de 9 de 2015). Recuperado el 25 de 9 de 2015, de https://youtu.be/Gbo_DLOtTMA

Zapata, M. O. (25 de 9 de 2015). Recuperado el 25 de 9 de 2015, de https://youtu.be/kBlSsTsjiUM

Zapata, M. O. (25 de 9 de 2015). Recuperado el 25 de 9 de 2015, de https://youtu.be/4cYTVLDlrzw

21 Índice alfabético